Günther Wess
Führung und Management für Naturwissenschaftler

Günther Wess

Führung und Management für Naturwissenschaftler

―

Von der akademischen Grundlagenforschung
in die Industrie

DE GRUYTER

Autor
Prof. Dr. Günther Wess
Helmholtz Zentrum München – Deutsches Forschungszentrum
für Gesundheit und Umwelt, GmbH
Ingolstädter Landstr. 1
85764 Neuherberg
guenther.wess@helmholtz-muenchen.de

ISBN 978-3-11-031163-1
e-ISBN 978-3-11-031168-6

Library of Congress Cataloging-in-Publication data
A CIP catalog record for this book has been applied for at the Library of Congress.

Bibliographic information published by the Deutsche Nationalbibliothek
Die Deutsche Nationalbibliothek verzeichnet diese Publikation in der Deutschen
Nationalbibliografie; detaillierte bibliografische Daten sind im Internet über
http://dnb.dnb.de abrufbar.

© 2013 Walter de Gruyter GmbH, Berlin/Boston
Druck und Bindung: Hubert & Co. GmbH & Co. KG, Göttingen
Coverabbildung: Thinkstock
♾ Gedruckt auf säurefreiem Papier
Printed in Germany

www.degruyter.com

Vorwort

Absolventen naturwissenschaftlich-technischer Disziplinen sind im Allgemeinen fachlich hervorragend ausgebildet. Häufig werden sie daher in der Wirtschaft als Führungskräfte mit Personalverantwortung eingestellt. Im Unterschied zu ihrer fachlichen Kompetenz sind ihre Fähigkeiten hinsichtlich Management und Leadership üblicherweise aber nur unzureichend entwickelt. Bereits vom ersten Tag an werden sie aber als Führungskräfte im Unternehmen wahrgenommen und daran gemessen, inwieweit sie wesentliche Managementtechniken beherrschen und anderen unternehmenstypischen Anforderungen gewachsen sind, etwa im Zusammenhang mit strategischer Planung, Personalführung, sozialer Kompetenz, geordneter Kommunikation und Wertebewusstsein im internationalen Kontext. Diesbezügliche Defizite, aber auch mangelnde Fähigkeiten, dem Anforderungsdruck durch Selbstmanagement und das Aufrechterhalten einer gesunden Work-Life Balance gerecht zu werden, können sich somit rasch als Hindernis für die Karriere erweisen, zumal im internationalen Wettbewerb.

Trotz der enormen Bedeutung der angesprochenen Fähigkeiten für den beruflichen Werdegang zahlreicher Absolventen naturwissenschaftlich-technischer Disziplinen, werden sie in der Regel an Universitäten und anderen Forschungseinrichtungen nicht systematisch vermittelt. Dies hat zum einen den Grund, dass man dort nur selten über die dazu notwendige fachliche Kompetenz und praktische Erfahrung verfügt, zum anderen, dass der akademische Betrieb diesen Fragestellungen aus der Praxis grundsätzlich viel zu wenig Beachtung schenkt. So ist, abgesehen von wenigen Ausnahmen, kaum eine wirkliche gemeinsame Erfahrungsebene mit der Wirtschaft vorhanden. Zudem werden in der akademischen Welt Management und Leadership nicht selten gering geschätzt. Zitate wie „er ist ja kein Fachmann, sondern nur Manager" sind keine Seltenheit.

Auch wenn erfreulicherweise mittlerweile von einigen Graduate Schools und hier besonders von außeruniversitären Forschungseinrichtungen erste Kurse zu diesem Themenkomplex angeboten werden, sind diese bisher bestenfalls ein Tropfen auf den heißen Stein. Im Allgemeinen bestehen große Wissenslücken in den angesprochenen Bereichen, wobei neu eingetretenen Führungskräften üblicherweise keine ausreichende Einarbeitungszeit in den Unternehmen zur Verfügung steht, um sich systematisch mit Fragen von Management und Leadership vertraut zu machen. Dem steht der zunehmende Handlungsdruck entgegen, der etwa mit der Globalisierung, der Bewältigung neuer Krisen, kürzeren Produktlaufzeiten und dem verstärkten Ruf nach Marktinnovationen verbunden ist und dem sich auch der Berufseinsteiger nicht entziehen kann. Er wird daher den Sprung ins sogenannte „kalte Wasser" umso besser überstehen, je mehr Grundverständnis er sich bereits vor dem Berufseinstieg angeeignet hat.

Der Vermittlung dieses Grundverständnisses soll das vorliegende Werk dienen, das seinen Ursprung an Fallstudien orientierten internationalen Management- und Leadership-Kursen für Doktoranden und Postdocs verdankt, die der Autor durchgeführt hat. Die bei diesen Gelegenheiten mit Teilnehmern geführten Gespräche haben ihn immer wieder vom dringenden Bedarf einer kurzen orientierenden Einführung in diesen Themenbereich überzeugt und ihn zudem in seiner Auffassung bestärkt, dass eine systematische Entwicklung der für Management und Leadership benötigten Fähigkeiten zu einem möglichst frühen Zeitpunkt erfolgen und keinesfalls im späteren Berufsleben Trainern, Coaches und Consultants bzw. der Vermittlung in Crashkursen überlassen werden sollte. Ebenso wenig sollte darauf gesetzt werden, dass sich im Berufsleben lediglich Naturtalente oder ehrgeizige Autodidakten durchsetzen. Indiskutabel wäre es gewiss auch, diese Thematik ganz einfach in den Bereich des gesunden Menschenverstandes abzuschieben. Es bedarf in diesem Zusammenhang kaum der Betonung, dass es dringend geboten wäre, entsprechendes Wissen bereits an der Hochschule in weit intensiverem Maße als bisher zu vermitteln.

Seinem Ziel entsprechend, wendet sich das Buch primär an Berufseinsteiger in Führungspositionen, denen der Weg über das mittlere Management an die Spitze offen steht. Es ist allerdings weder als wissenschaftliche Abhandlung noch als ein auf die Vermittlung wissenschaftlicher Details ausgerichtetes Lehrbuch zu verstehen. Ebenso wenig soll eine bestimme Management – und Leadership – Lehrmeinung propagiert, die lange Liste von „How to"-Ratgebern bereichert oder gar ein Leitfaden für den Aufstieg zum CEO geboten werden. Von der Präsentation bestimmter charismatischer und in der Öffentlichkeit sehr bekannter Führungsfiguren und deren Überzeugungen sowie jeder Art von damit verbundenem Personenkult wird dementsprechend konsequent Abstand genommen. Diesbezüglich sei der Leser auf Informationsangebote in unüberschaubarer Zahl hingewiesen, die ganze Bibliotheken füllen bzw. von Consultants für viel Geld vermittelt werden.

Absicht des vorliegenden Werk ist es vielmehr, in einem quasi ganzheitlichen Ansatz „Young Professionals" aus naturwissenschaftlich-technischen Studiengängen zeiteffizient über wesentlichen Fragen von Management und Leadership und (z. T. alternative) Lösungsmöglichkeiten entsprechender Probleme zu informieren, um so den Einstieg in die Welt der Wirtschaft zu erleichtern. Der Leser wird daher mit diesen Fragestellungen in ihrer gesamten Komplexität konfrontiert, so wie es auch in der Realität der Fall ist. Die Erörterung dieser Fragen erfolgt dabei unter verschiedenen Gesichtspunkten. Dies gilt unter anderem auch für den internationalen Kontext wirtschaftlichen Handelns und interkulturelle Aspekte, die hier keineswegs unterschätzt werden dürfen und deren Bedeutung den Lesern an verschiedenen Stellen vor Augen geführt wird.

Im Sinne dieser Zielsetzung wird in den angesprochenen Zusammenhängen ganz bewusst auf konkrete berufliche Erfahrungen des Autors Bezug genommen, der unter anderem über mehr als zwei Jahrzehnte führende Managementverantwortung in einem global operierenden Pharmaunternehmen inne hatte und anschließend als CEO in ein öffentliches Forschungsunternehmen wechselte. Dies wird vielfach mit persönlichen Einschätzungen und Empfehlungen verbunden, die auf diesen Erfahrungen gründen.

Viele der konkret erwähnten Beispiele stammen dementsprechend aus dem Bereich der chemisch-pharmazeutischen bzw. biotechnologischen Industrie.

Als spezielles „praktisches" Beispiel für Anforderungen an strategisches Management in Verbindung mit Paradigmenwechseln und Transformationsprozessen wurde das Kapitel „Eine kurze Geschichte der Pharmaindustrie und ihrer strategischen Herausforderungen" aufgenommen, das entsprechende Schlüsselszenarien eines ganzen Industriebereichs verdeutlicht.

Über konkrete Fallbeispiele hinausgehend eignet sich dieser Wirtschaftszweig auch ganz hervorragend zur generellen Illustration von Anforderungen, mit denen Absolventen naturwissenschaftlich-technischer Disziplinen in der Industrie konfrontiert sind, da er besonders forschungs- und entwicklungsintensiv ist und das Zusammenspiel vieler Einzeldisziplinen erfordert. Zudem umfasst er ein großes Spektrum unterschiedlicher Unternehmenstypen, das von multinationalen „Global Players" bis hin zu kleinen Biotech-Firmen und Neugründungen reicht.

Um die Lektüre des Werkes zu erleichtern und den schnellen Informationszugang zu Einzelthemen zu ermöglichen, wurde es so konzipiert, dass jedes Einzelkapitel für sich gelesen und verstanden werden kann. Um das zu erreichen, mussten allerdings minimale Redundanzen in Kauf genommen werden. Angesichts Bibliotheken füllender Literatur zum Thema Management und Leadership wurde auf systematische Literaturempfehlungen verzichtet. Zitate und Hinweise auf weiterführende Literatur beschränken sich auf das für die Lektüre unbedingt erforderliche Maß. Im Interesse besserer Lesbarkeit und ohne die Bedeutung des Themas „Frauen in Führungspositionen" schmälern zu wollen, das derzeit Gegenstand intensiver Diskussion und entsprechender Quotenregelungen ist, wird im Text durchgängig die männliche Form verwendet. In der englischen Übersetzung tritt das Problem nicht auf.

Es bleibt dem Autor, abschließend vielen namentlich nicht genannten Mitarbeiterinnen und Mitarbeitern sowie Kolleginnen und Kollegen zu danken, mit denen er im Laufe seiner Karriere spannende Projekte durchführen konnte, die zu vielen wertvollen Erkenntnissen führten. Sein besonderer Dank gilt seinen ehemaligen Vorgesetzten, die ihm in verschiedenen Positionen und Funktionen wichtige Projekte anvertraut haben, an denen er lernen und über die er sich weiterentwickeln konnte. Verbunden fühlt er sich aber auch vielen Studenten, Doktoranden und Postdocs, die durch ihr großes Interesse am Thema dieses Buchs Auslöser seiner Entstehung waren. Dr. Sabine Riedel, Dr. Monika Beer und Stefanie Lemp möchte er für tatkräftige Unterstützung bei der Durchführung zahlreicher Lehrveranstaltungen, Frau Ina Naumann und Frau Dr. Anca Alexandru für die engagierte technische Unterstützung und redaktionelle Bearbeitung des Manuskriptes danken.

Herrn Dr. Noyer-Weidner gilt sein Dank für anregende und wertvolle Diskussionen sowie die kritische inhaltliche Überarbeitung des Manuskripts.

München, im Juni 2013　　　　　　　　　　　　　　　　　　　　　　　Günther Wess

Inhalt

I. Eintritt in die Wirtschaft – Erste Schritte und Erfahrungen —— 1
   1. Der Einstieg – Persönliches Profil und Bewerbung —— 3
   2. Angekommen – Umgang mit einer neuen Arbeitskultur —— 9

II. Management und Leadership –
    Die wesentlichen Anforderungen und ihre Bewältigung —— 13
   3. The Big Picture – Die „große Herausforderung" im Überblick —— 15
   4. Selbstmanagement, Personalführung, Kommunikation —— 19
   5. Wertschöpfung, Arbeitsprozesse und organisatorische
      Anpassungen —— 33
   6. Organigramme, Organisationsmodelle und
      Positionsbezeichnungen —— 39
   7. Teams —— 49
   8. Strategie —— 57
   9. Ziele und Zielvereinbarungen —— 67
   10. Entscheiden —— 71
   11. Management und Leadership – Eine komplexe Beziehung —— 87
   12. Unternehmenskultur und Werte —— 91

III. Management in der Praxis —— 95
   13. Eine kurze Geschichte der Pharmaindustrie
       und ihrer strategischen Herausforderungen —— 97

IV. Ausblick —— 115

Literatur —— 119

Index —— 121

Über den Autor —— 125

I. Eintritt in die Wirtschaft –
   Erste Schritte und Erfahrungen

1. Der Einstieg – Persönliches Profil und Bewerbung

Der Einstieg in eine berufliche Karriere in der Wirtschaft beginnt üblicherweise mit einem erfolgreich gestalteten Bewerbungsgespräch. Auf ein solches Gespräch sollte man sich heute im Bewusstsein eines hochkompetitiven globalen Job-Markts vorbereiten, auf dem es ja bekanntlich viele Experten gibt, die via Internet ihre Dienste anbieten und unmittelbar zur Verfügung stehen könnten.
Normalerweise wird das Einstellungsverfahren von der Personalabteilung („Human Resources", HR) organisiert und begleitet. In zunehmendem Maße werden aber auch Personalberatungen mit der Vorauswahl beauftragt und ab und an sogar sogenannte Assessment Center in den Prozess einbezogen. Wie auch immer der Auswahlprozess gestaltet wird, der Bewerber muss vorbereitet ins Rennen gehen und sollte es nicht dem Zufall überlassen.

Letztendlich geht es im Verlauf jedes Auswahlprozesses grundsätzlich darum, die Fähigkeiten und das Profil von Bewerbern über die rein fachlichen Aspekte hinaus in „realer Situation" zu erfassen und zu vergleichen. Den umfassendsten Eindruck von einem Bewerber kann man in einem Assessment Center gewinnen. Obwohl es die Ausnahme unter den Auswahlverfahren ist, lohnt es sich zur Vorbereitung auch auf ein „normales" Vorstellungsgespräch, die Szenarien einmal durchzuspielen: Mehrere Beobachter geben in einem solchen oft mehrtägigen Verfahren ihr Urteil ab. Als Teilnehmer kann man sich darauf einstellen, dass mit großer Wahrscheinlichkeit verschiedene Übungen durchgeführt werden, in denen man sein Profil zeigen kann. Diese umfassen z. B. Präsentationen zu eventuell bewusst sehr „fachfremden" Themen, für die man nur eine kurze Vorbereitungszeit hat, Gruppendiskussionen zu kontroversen Fragestellungen und bestimmte Rollenspiele. Eine weitere häufig gestellte Aufgabe besteht in der Bearbeitung von Fallstudien zu unternehmerischen Entscheidungen. Zudem wird es natürlich auch Interviews zum persönlichen Profil geben. Das Ganze kann dann noch mit verschiedenen Tests garniert werden, die viele der in diesem Buch angesprochenen Themen zum Gegenstand haben, z. B. Management und Leadership, Führungsstil, Kommunikation, Selbstmanagement, soziale Kompetenz, Teamfähigkeit, Umgang mit interkulturellen Aspekten, strategisches Denken und Entscheiden. Die eben genannten Themen können in unterschiedlichster Form aber auch in „einfachen" Bewerbungsverfahren angesprochen und vertieft werden.

Bei der Vorbereitung auf eine Vorstellung sollte man sich zunächst damit befassen, welches Profil (Eigenschaften und Fähigkeiten) einen persönlich für eine Position im Management bzw. als Führungskraft qualifiziert und warum ein Unternehmen gerade der Einstellung der eigenen Person besonderes Interesse entgegenbringen sollte. Da fachliche Exzellenz des Bewerbers und Bedarf des Unternehmens grundsätzlich vorausgesetzt werden können, wird der Erfolg des Gesprächs ganz entscheidend von der Darstellung und Bewertung persönlicher Stärken und Schwächen abhängen.

Dies führt unmittelbar zu der Frage, ob man sich in der Lage sieht, ein daraufbezogenes Interview vor einem international zusammengesetzten Auswahlkomitee („Search Committee") in souveräner Weise zu führen. Soweit es um Stärken geht, sollte dies nicht allzu schwer fallen. Größere Probleme ergeben sich üblicherweise, wenn man nach Schwächen gefragt wird. In welcher Form und wie offen sollte man dieses Thema überhaupt ansprechen? Erwarten Fragesteller wirklich eine ehrliche Antwort oder geht es ihnen nur darum, zu sehen, in welcher Weise sich der Bewerber mit der Frage auseinandersetzt und wie geschickt er sich bei der Beantwortung „aus der Affäre zieht"?

In diesem Zusammenhang hilft vielleicht ein Blick in die USA. Dort würde man wohl kaum explizit von „Weaknesses" sprechen, sondern vielmehr von „Areas for Development" und sie als „Opportunities" herausstellen. Damit wird sofort ein anderer Akzent gesetzt: Gebiete, in denen aus eigener Sicht Defizite bestehen, werden unter dem Gesichtspunkt künftigen Entwicklungspotenzials angesprochen, womit sich auf überzeugende Weise neue Chancen und Perspektiven verbinden lassen.

Interessant in diesem Zusammenhang sind Beispiele von veröffentlichten Bewerbungen für die Aufnahme in die Harvard Business School [1]. Die Bewerber sollten in diesem Fall tatsächlich über ihre „Strengths and Weaknesses" schreiben. Aus diesen Bewerbungsschreiben sind einige Begriffe nachstehend zusammengestellt, ergänzt um weitere typische Ausdrücke aus dem Personalbereich. Obwohl Berufsanfänger in der Regel sehr gute Englischkenntnisse besitzen, stellen treffende Ausdrücke aus dem Vokabular des Personalbereichs doch immer wieder eine gewisse Herausforderung dar. Deshalb ist die Sammlung von Begriffen auch in Englisch gehalten.

Strengths
- determination
- adaptability to changing situations
- enthusiasm, passion, motivation
- flexibility
- acknowledges weakness
- team player
- loyalty, honesty
- intercultural, international
- sense of responsibility
- entrepreneurial perspective
- holistic perspective, global thinking
- taking initiative
- good project manager
- outgoing and open-minded
- trained as responsible leader
- adaptable to various situations
- educated background
- solid academic training in diverse fields
- personality, maturity
- involves team members
- self-awareness
- decisiveness
- leads courageously
- world leading expert
- takes ownership
- dedication
- sense for urgency
- being committed
- lives the values
- challenges the status quo
- takes fact-based decisions
- analytical skills
- thinks out of the box
- builds trust and confidence
- implements changes
- encourages direct reports
- attracts top talents
- delegates responsibility

- ambition
- fairness
- communication skills
- perfectionism
- motivates people
- positive thinking
- respectful
- standing on his/her own
- entrepreneurial
- strong leader and team player
- willing to take risks
- enthusiasm
- listens to individuals at all levels
- gives feedback and responds to feedback
- is action-oriented
- shares knowledge
- patterns of behavior
- is visionary
- learning about failure
- effectiveness
- customer-oriented
- manages expectations
- develops people
- sets ambitious goals
- credibility
- outspoken
- feels accountable
- walks the talk
- is reliable

Areas for Development
- perfectionism
- adequate focus on details
- patience/impatience
- diligence
- avoidance of hasty actions (too quick to speak)
- emotionality
- over enthusiasm
- rating of experience
- flexibility
- acceptance of change
- tactful interaction in teamwork situations
- problems with team members that are not equally enthusiastic
- appropriate self-confidence
- problems with authority
- assertiveness
- willingness to lead
- consistent action and behavior
- establishment of sufficiently deep roots
- communication and appropriate delivery of messages
- not enough intercultural skills
- more passion, too fact based

Die „Areas for Development" müssen nicht als unveränderliche Schwächen dargestellt werden, sondern können ganz im Gegenteil in neutralerer Form angesprochen und sehr bewusst als Chancen zur Erweiterung und Verbesserung eigener Fähigkeiten begriffen werden. Vor diesem Hintergrund tauchen auch einige der aufgeführten Begriffe (z. B. „Perfectionism") sowohl unter Stärken als auch Schwächen auf. Vielmehr demonstriert gerade diese Tatsache, dass entsprechende Fähigkeiten nicht per se als positiv oder negativ zu werten sind, sondern dass es häufig darum geht, das einer Managementfunktion angemessene Maß zu entwickeln bzw. zu finden.

Zusammenfassend lässt sich festhalten, dass man sich auf jeden Fall eine Strategie zur Beantwortung der in einem Bewerbungsgespräch potentiell auf einen zukommenden Fragen überlegen sollte, wobei die internationale Perspektive hierbei besonders bedeutsam ist. Dabei sollte man auch auf Fragen, wie es um das eigene Verhältnis zu Macht bestellt ist und ob man gerne Macht ausübt, gefasst sein (dieses für Führungskräfte wichtige Thema wird in Kapitel 4 noch ausführlicher behandelt).

Die Beantwortung solcher und anderer Fragen, für die es kein Patentrezept gibt, sollte man vorab für sich durchdacht und mit sich geklärt haben. Stärken sollte man nach Möglichkeit anhand von Beispielen illustrieren, um bestimmte Fähigkeiten aus unmittelbarer eigener Erfahrung zu verdeutlichen. So etwas kommt immer gut an. Scheinbare Schwächen können als Chancen im obigen Sinne begriffen und dargestellt werden, um zu verdeutlichen, dass man an sich arbeiten und sich entwickeln will. Letzteres hat natürlich auch seine Grenzen. Jeder Mensch hat Schwächen. Man kann und sollte seine Persönlichkeit, sein Profil nicht völlig ändern. Zudem sollte man sich bewusst sein, dass Diversität in Unternehmen durchaus gefragt ist. Unterschiedliche Profile sind wichtig und eine Stärke. Ein Unternehmen mit uniformen, quasi „geklonten" Führungskräften wird sich nicht behaupten können.

Es sei an dieser Stelle noch betont, dass das persönliche Profil von Führungskräften „Strengths", „Areas for Development" und – bei fortgeschrittener Laufbahn – „Leadership Profile", „Management Style" etc. nicht nur bei Bewerbungsgesprächen sondern im gesamten Berufsweg immer wieder abgefragt wird (siehe dazu auch Kapitel 11, Management und Leadership). Dies erfolgt routinemäßig im Rahmen der Führungskräfteentwicklung und der Nachfolgeplanung (des „Succession Planning"). Zudem spielt es bei Firmenzusammenschlüssen eine besonders kritische Rolle, wenn das Management der neuen Organisation ausgewählt wird, was häufig unter Einbeziehung von Consultants geschieht, die mit der Vorbereitung der Personalauswahl beauftragt werden. Dann sind diese Aspekte in Verbindung mit der persönlichen Leistungsbilanz (den „Achievements" bzw. dem „Track Record") von ausschlaggebender Bedeutung. Daher kann nur dringend geraten werden, sich im Laufe des Berufswegs immer wieder mit seinem Profil und Marktwert zu beschäftigen und seine Fähigkeiten kontinuierlich weiterzuentwickeln.

Abschließend sei noch die in allen hier behandelten Zusammenhängen wichtige und daher immer wieder gestellte Frage angesprochen, was einer erfolgreichen Karriere förderlicher ist: Generalistentum oder Spezialistentum?

Man begegnet nicht selten dem Eindruck oder dem Vorurteil, dass in den höheren Hierarchieebenen die Fachkompetenz dramatisch abfällt und nur noch ein Generalistentum vorherrscht, das ohne Sprechzettel und halbseitige fremdwortfreie Zusammenfassungen hilflos ist. Über Fachkompetenz von CEOs und die Entwicklung von Unternehmen gibt es viele anekdotische Berichte. Eine systematische Untersuchung dieses Aspekts in Bezug auf konkrete Unternehmensentwicklungen wäre für verschiedene Branchen nicht uninteressant, um Vorurteilen zu begegnen.

Mangelnde Fachkompetenz auf Führungsebene ist aber gewiss kein allgemeines Phänomen. Sicherlich braucht man als Führungskraft nicht das Detailwissen von Spezialisten. Aber grundsätzlich müssen die Themen und Projekte des jeweiligen Verantwortungsbereichs verstanden werden. Man wird daher überrascht sein, welch hervorragende Fachkenntnis in hohen Führungspositionen im Allgemeinen vorhanden ist. Es ist für Führungskräfte eine erfolgskritische Fähigkeit, sich rasch in neue Themen einarbeiten zu können, nicht um die fachliche Leitung zu übernehmen, sondern um in der Lage zu sein, eine strategische Beurteilung von Entwicklungen vornehmen und entsprechende Entscheidungen treffen zu können. Es kann daher nur dringend empfohlen werden, sich fachlich kontinuierlich weiterzubilden. Wenn man z. B. von den Mitarbeitern in Forschung und Entwicklung (F&E) ernst genommen werden will, muss man ein seriöses Fachgespräch führen und die richtigen Fragen stellen können. Das geht ohne Fachkenntnisse und ständiges Lernen nicht.

Wenn man sich für Details interessiert, dann ist das ebenfalls völlig in Ordnung. Problematisch wird es allerdings, wenn man diesbezüglich einen ausgeprägten Hang zum Mikromanagement entwickelt. Das kann nicht zielführend sein. Grundsätzlich sollte aber nach Möglichkeit jede Führungskraft in höheren Positionen im Laufe des Berufsweges spezifische Leistungen auf einem bestimmten Fachgebiet erbracht haben. Das verbessert in jedem Fall die Bodenhaftung.

2. Angekommen – Umgang mit einer neuen Arbeitskultur

Fragt man Hochschulabsolventen vor ihrem Eintritt in die Wirtschaft, worin sie prinzipielle Unterschiede zwischen der akademischen Welt und der Wirtschaft sehen, erhält man typische Antworten, wie sie in der Tabelle 2.1, teilweise als wörtliche Zitate, wiedergegeben werden.

Tab. 2.1: Antworten von Teilnehmern an Management- und Leadership-Kursen zu prinzipiellen Merkmalen und Unterschieden der Forschung im akademischen und industriellen Bereich.

Akademische Forschung	Industrielle Forschung
– Forschungsfreiheit, Grundlagenforschung, Erkenntnis als Ziel, Elfenbeinturm	– Profit und ökonomischer Erfolg im Vordergrund
– „Any result is a good result", nicht zielgerichtete Forschung	– Output und Effizienz, schnelle Erfolge
– Publikationen, „publish or perish"	– Management
– Kein Zeitdruck, langfristige Ausrichtung	– Produkt- und Anwendungsorientierung
– Einzelkämpfer	– Geschäft, Markt, Preis, Kunde
– nur ein Boss, sonst flache Hierarchien und lockerer Umgang	– Klare Ziele, Vorgaben, Zeitdruck, Kosten, Rentabilität
– Geldmangel, Bescheidenheit, „non profit"	– Innovationen, Ideen von außen, globale Kooperationen mit Firmen
– Keine Aufstiegschancen	– Hierarchien und starre Strukturen, Bürokratie
– Unklare Entscheidungen, unklare Ziele	– Teamarbeit und Projekte, Projektmanagement
– Kooperationen und freier Gedankenaustausch	– Hohe Gehälter, Konkurrenz der Mitarbeiter, Haifischbecken, Karrieren
	– Hohe Sicherheitsstandards und Umweltauflagen
	– Darstellung nach außen und Kommunikation
	– Marketing
	– Business Development

Nicht selten werden in entsprechenden Diskussion mit Doktoranden und Postdocs bei der Frage nach unternehmenstypischen Charakteristika und Anforderungen die Aspekte „Innovation", „Produkte", „Dienstleistungen", „Kunde" und „Markt und Wettbewerb" erst spät und ohne besonderer Prioritätensetzung genannt, trotz ihrer herausragenden Bedeutung in der Wirtschaft.

Weiterhin existiert keinerlei differenzierte Vorstellung von z. B. der Vielzahl von Firmen und unterschiedlichen Geschäftsmodellen. Stattdessen überwiegen Vorurteile und Klischees, die den geringen Informationsfluss und Austausch zwischen akademischer Forschung und Wirtschaft verdeutlichen und eindrucksvoll belegen, wie wenig in der akademischen Welt über die Welt der Wirtschaft bekannt ist.

Auffällig ist auch, dass im Hinblick auf eine Tätigkeit in der Wirtschaft Probleme in den Vordergrund gestellt werden, weniger neue Gestaltungsmöglichkeiten und Perspektiven. Entsprechend fallen auch die in der nachfolgenden Auflistung wiedergegebenen Antworten aus, worin die persönlich größten Herausforderungen bei einer Tätigkeit im Unternehmensbereich gesehen werden:

- Verständnis der Arbeitsweise in der Wirtschaft und der entsprechenden Strukturen
- Strategische Planung, wirtschaftliches Denken
- Rolle als Chef, Führung von Mitarbeitern, Umgang mit Hierarchien
- Auftreten gegenüber Vorgesetzten und Kollegen
- Arbeiten in Teams und an definierten Projekten
- Leistungserwartungen und Zeitdruck
- Kommunikation („Industrial Language")
- Vertraulichkeit und Offenheit
- „Dresscode" und „typisches" Business-Verhalten
- Identifikation mit der Firma und ihren Produkten

Vor diesem Hintergrund verwundert es nicht, dass der Übergang von der akademischen Forschung in die Welt der Wirtschaft von Berufsanfängern häufig als Kulturschock empfunden wird. Denn die bisher gewohnte akademische Welt mit ihren Elfenbeintürmen, ihren Gepflogenheiten, Ritualen und Publikationszwängen, hat andere Ziele und funktioniert in der Tat völlig anders.

Die hochkarätigen Publikationen, die mühsam und mit größten Kraftanstrengungen erarbeitet wurden und auf die man bisher so stolz war, weil sie eben das Maß aller Dinge in der akademischen Welt waren, scheinen plötzlich ohne Bedeutung zu sein.

Dies führt oft zu zwei die erste Phase nach dem Wechsel in die Wirtschaft bestimmenden Eindrücken: Zum einen entsteht häufig das Gefühl, dass wissenschaftliche Exzellenz in der Wirtschaft nicht mehr gefragt und die Forschung zweitklassig sei. Hierzu ist zu sagen, dass es natürlich von der Funktion und Position abhängt, ob und in welcher Form man noch mit Wissenschaft und Forschung zu tun hat. Es kann und muss aber festgestellt werden, dass in forschungs- und entwicklungsintensiven Industrien wissenschaftliche Exzellenz weiterhin ein bestimmender Erfolgsfaktor ist. In verschiedenen Bereichen kann und muss exzellente Industrieforschung geleistet werden, die selbstverständlich auch in hochkarätigen Journalen ihren Platz finden würde. Nur geht es eben nicht mehr primär um den Aspekt des Publizierens. Vielmehr steht, im Hinblick auf die wirtschaftliche Konkurrenzsituation, die Sicherung von Forschungserkenntnissen durch Patente im Vordergrund. Wesentliches Ziel ist schließlich die Wertschöpfung aus gewonnenen Erkenntnissen durch Produkte und Anwendungen.

Dies steht in unmittelbarem Zusammenhang mit einem zweiten Eindruck, der sich häufig beim Eintritt in die Wirtschaft einstellt, nämlich dem Gefühl einer Geringschätzung bisher gewohnter Werte oder gar einem Wertemangel. Dem ist aber nicht so. Vielmehr bestehen in der akademischen Welt und der Welt der Wirtschaft sehr unterschiedliche Primärziele, verbunden mit einem grundsätzlich anderen Selbstverständnis – Forschung im Sinne des reinen Erkenntnisgewinns und Lehre in der einen

Welt, Markterfolg des Unternehmens in der anderen. Entsprechend anders sind auch die Erfolgsindikatoren in der Wirtschaft. Hier zählen Markterfolg, Profit und andere unternehmerische Kriterien.

Der eingangs angesprochene Kulturschock hat also nicht mit einem Mangel an Werten, sondern mit anderen Werten in der Wirtschaft zu tun. Als Folge davon werden Berufseinsteiger vom ersten Tag an völlig neue Situationen erleben, auf die sie nicht vorbereitet sind. Nahezu übergangslos sind sie mit ganz neuen Herausforderungen konfrontiert. Management und Leadership sind zur neuen Realität geworden. Produkte, Kunden und Gewinn stehen plötzlich im Zentrum des Interesses.

Ohne Zweifel stellt der Berufseinstieg daher eine besondere Belastung dar. Deshalb muss dringend geraten werden, sich mit den Vorgesetzten darauf zu verständigen, wie der Einstiegs- und Einarbeitungsplan aussehen soll. Man wurde schließlich für eine bestimmte Aufgabe und Position eingestellt. Klar definierte Aufgaben, Verantwortlichkeiten und Kompetenzen sind absolute Voraussetzungen für einen guten Start.

Außerdem sollte man sich bewusst machen, dass man nicht am ersten Tag alle Probleme, die sich in den letzten Jahren in einem Unternehmen angehäuft haben, lösen kann, und dass das auch niemand erwartet. Es ist dennoch nicht ungewöhnlich, dass Berufseinsteiger, insbesondere von den ihnen zugeordneten Mitarbeitern, gleich am Anfang eine Fülle von Problemen präsentiert bekommen, die angeblich alle sofort gelöst werden müssen. Hier sollte man sich ruhig die Freiheit nehmen, erst einmal zuzuhören, um sich ein eigenes Bild zu machen. Das kann man auch klar so sagen.

Ein Mentor/eine Kontaktperson wäre zur Bewältigung der beschriebenen Einstiegsprobleme durchaus hilfreich. Gute Firmen organisieren den Einarbeitungsprozess. Man sollte sich aber nicht darauf verlassen. Was in jedem Falle funktioniert, sind Gerüchte und Einschätzung über den Neuen/die Neue. Und persönliche Anfängerfehler verbreiten sich schnell. Bei allen gelegentlichen Schwierigkeiten und Unsicherheiten in der Einarbeitungsphase sollte man aber nie vergessen, dass man ja vom Unternehmen aus einer Reihe von Bewerbern ausgewählt wurde, weil man ein bestimmtes Profil („Skill Set") hat, das gebraucht wird und in das die Firma investiert. Deshalb sind vom ersten Tag an ein gesunder Realitätssinn und auch gesundes Selbstbewusstsein anzuraten.

II. Management und Leadership – Die wesentlichen Anforderungen und ihre Bewältigung

3. The Big Picture – Die „große Herausforderung" im Überblick

Wesentliche Aspekte und Aufgaben

Was muss ein Berufsanfänger über Management und Leadership wissen, wenn er im Anschluss an die akademische Ausbildung eine Position als Führungskraft in der Wirtschaft übernimmt? Die Realität von Führungskräften ist geprägt von facettenreichen Fragestellungen, die sich zum Teil aus einer Kombination völlig unterschiedlicher Aspekte ergeben und die in viele gleichzeitig zu bewältigende Herausforderungen einmünden. Führungskräfte müssen lernen, diese Komplexität und Interdependenz, ja auch die teilweise damit verbundene Irrationalität, zu erkennen und damit umzugehen.

Vor diesem Hintergrund konzentriert sich das vorliegende Buch in den folgenden Kapiteln bewusst auf nur wenige elementare Grundanforderungen und -prinzipien von Management und Leadership, damit das Wesentliche erkennbar bleibt und der Leser nicht in einer Detailflut untergeht. Wer diese wenigen, aber intensiv miteinander verschränkten Prinzipien verstanden und verinnerlicht hat, kann auch die vielen Details besser einordnen, die auf ihn einströmen werden. Der Einstieg in die Wirtschaft ist dann kein Kulturschock mehr.

In jedem Fall muss der Berufseinsteiger den Prozess der **Wertschöpfung** des jeweiligen Unternehmens verstehen (Kapitel 5). Womit wird eigentlich das Geld verdient und was kann das Unternehmen besser leisten als die Konkurrenz, um Kunden zu gewinnen und an sich zu binden?

Berufseinsteiger sollten zudem ein Grundverständnis der prinzipiellen **Organisationsformen** in Unternehmen haben und Organigramme lesen können (Kapitel 6). Sie müssen zudem wissen, wie die **Geschäfts- und Entscheidungsprozesse** (Kapitel 5 und 6) funktionieren.

In vielen Fällen erfolgt die Arbeit in Teams. Das wesentliche Rüstzeug für erfolgreiche **Teamarbeit** wird deshalb in einem eigens diesem Thema gewidmeten Abschnitt (Kapitel 7) behandelt. Wie schafft man es wirklich im Zusammenwirken mit Anderen effizient und konkurrenzfähig an der Erreichung eines gemeinsamen Ziels zu arbeiten?

Sehr früh wird man als Führungskraft mit strategischen Fragen konfrontiert, gebeten in Strategieteams mitzuarbeiten oder selbst beauftragt, eine Strategie zu einem bestimmten Thema zu entwickeln. Aufgrund seiner Bedeutung in nahezu allen mit Management verbundenen Zusammenhängen kommt das Thema **Strategie** an verschiedenen Stellen des Buches zur Sprache. Darüber hinaus ist ihm ein eigenes Kapitel (Kapitel 8) gewidmet, in dem wesentliche Aspekte gebündelt angesprochen werden. Zudem werden die im Hinblick auf Strategieentwicklung bestehende Herausforderungen am „praktischen" Beispiel der historischen Entwicklung der Pharmaindustrie im vergangenen Jahrhundert illustriert und vertieft (Kapitel 13).

Mit Strategie eng verbunden ist das Thema **Entscheiden**, dem ebenfalls ein eigener Abschnitt (Kapitel 10) gewidmet ist. Welche Rolle spiele ich als Führungskraft in den Entscheidungsprozessen der Firma?

Führung und Management können nur funktionieren, wenn klare Ziele auf allen Ebenen des Unternehmens formuliert werden und jeder Mitarbeiter weiß, welcher Beitrag zum Erfolg des Unternehmens von ihm erwartet wird. Diesen Prozess der **Zielsetzung** (Kapitel 9) und die Synchronisation entsprechender Umsetzungsmaßnahmen mit anderen Vorgängen im Unternehmen, müssen erfolgreiche Führungskräfte souverän beherrschen. Deshalb nimmt auch dieses Thema breiten Raum ein.

Natürlich sollte man sich auch mit der eigenen Rolle im Unternehmen beschäftigen, gelegentlich eine Standortbestimmung vornehmen und Karrieremöglichkeiten intern und extern auf dem Radarschirm haben. Dazu muss man seinen Marktwert kennen. Man sollte sich keinen Illusionen hingeben. Jede Position in einem Unternehmen ist nur auf Zeit angelegt. Und Unternehmensstrukturen können sich rasch ändern. Deshalb wird die Frage nach dem eigenen **Profil** und seiner Weiterentwicklung nicht nur am Anfang des Buches gestellt. Sie spielt auch in späteren Abschnitten (siehe etwa Kapitel 11) eine prominente Rolle.

Auch den mit der Unternehmenskultur verbundenen **Werten** (Kapitel 12) kommt immer größere Bedeutung zu. Dies gilt nicht nur intern, sondern auch für die Interaktion mit anderen Unternehmen und den Umgang mit mitspracheberechtigten Interessensgruppen (den „Stakeholdern"). Führungskräfte, die Unternehmenswerten keine Beachtung schenken, sind eigentlich indiskutabel.

Drei Themen sind für Führungskräfte von allergrößter Bedeutung, weil sie bei allen Fragestellungen zu beachten sind und das gesamte Berufsleben betreffen: **Selbstmanagement, Personalführung und Kommunikation**. Selbstmanagement ist in verschiedenen Zusammenhängen gefordert und essentiell: Beim Einfinden in neue Rollen und Verantwortlichkeiten, bei der kontinuierlichen Weiterentwicklung eigener Kenntnisse, aber auch bei der Bewältigung von Krisensituationen und beim Umgang mit Konflikten. Da der Eintritt in ein Wirtschaftsunternehmen meist mit Übernahme einer Führungsposition einhergeht, spielen Mitarbeiterverantwortung und Personalführung häufig vom ersten Tag an eine große Rolle. Das ist ohne adäquate Kommunikation nicht möglich. Kommunikation richtet sich aber auch an viele Stakeholder im Unternehmen und an verschiedene Kreise außerhalb des Unternehmens, einschließlich der Kunden. Hierbei sind verschiedene Aspekte und Regeln sorgfältig zu bedenken und zu beachten. Aufgrund der übergeordneten Bedeutung dieser drei Themen werden sie gleich im ersten Abschnitt (Kapitel 4) der sich anschließenden Ausführungen behandelt.

Abbildung 3.1 fasst die eben genannten Grundprinzipien und Themenkomplexe noch einmal im Überblick zusammen. Das Konzept des Buchs folgt in seinem Aufbau dieser Struktur.

Abb. 3.1: Elementare Grundprinzipien und Aufgaben industriellen Managements.

SWOT-Analysen als Instrument der Aufgabenbewältigung

Zum Ende dieses einführenden Überblicks soll zudem noch auf eine grundlegende und nahezu universell anwendbare Methode zur raschen Bewertung von Optionen in verschiedensten Zusammenhängen hingewiesen werden, die SWOT-Analyse.

SWOT-Analysen sind in verschiedensten Zusammenhängen, die von Fragen der Produktentwicklung und Unternehmensorganisation bis zu persönlichen Karriereschritten und der Übernahme neuen Aufgaben reichen, durchführbar und erleichtern die Darstellung und qualitative Bewertung komplexer Situationen erheblich. Dabei wird ein bestimmtes Szenario unter vier grundsätzlichen Aspekten beleuchtet, deren Kürzel in die Benennung des Verfahrens eingeflossen sind: Strengths (Stärken), Weaknesses (Schwächen und Hemmnisse), Opportunities (Aktuelle Chancen und Zukunftsperspektiven) und Threats (Bedrohungen und Risiken).

SWOT-Analysen sollten möglichst noch vor Beginn entsprechender Diskussionen durchgeführt werden, um nicht vorzeitig durch die Suche nach Kompromissen abgelenkt und fehlgeleitet zu werden. Da es mit ihrer Hilfe möglich ist, in kurzer Zeit einen Überblick zu gewinnen, der zumindest eine strategische Beurteilung von Fragen zulässt, erleichtern sie nachfolgende Diskussionen ungeheuer. Dies gilt insbesondere, wenn sehr kontroverse Meinungen vertreten werden. Voraussetzung ist allerdings, dass SWOT-Analysen ehrlich und vorurteilsfrei durchgeführt werden. Es macht keinen Sinn, sie mit Details zu überfrachten. Wenn man die wichtigsten Aspekte in 3–5 Stichpunkten („Bullet Points") pro Feld erfasst, dann ist das völlig ausreichend, wobei das Abstraktionsniveau je nach Fragestellung sehr unterschiedlich sein kann.

Führt man beispielsweise eine SWOT-Analyse zur Bewertung der Marktchancen eines neuen Entwicklungsproduktes durch, dann würden unter Stärken vielleicht bestimmte technische Eigenschaften und andere Qualitätsmerkmale, Kundenfreundlichkeit, Preisvorteile oder eine gute Patentsituation stehen.

Unter Schwächen würde man Eigenschaften auflisten, bei denen Konkurrenzprodukte Vorteile im Vergleich zu dem in Diskussion stehenden Produkt hätten. Aber auch hohe mit dessen Entwicklung und Herstellung verbundene Kosten, ungünstige Vertriebssituationen oder eventuelle Marketingengpässe müssten hier benannt werden.

Opportunities würden sich etwa durch neue Anwendungsmöglichkeiten, neue Märkte, verbesserte Produktionsprozesse und günstigere Herstellungsverfahren oder mögliche strategische Partnerschaften ergeben.

Threats stellen dagegen existentielle Bedrohungen dar, wie sie z. B. aus Technologiesprüngen und neuen Technologieentwicklungen der Konkurrenz, Lieferproblemen, Sicherheitsrisiken oder dem Verlust des Patentschutzes resultieren können.

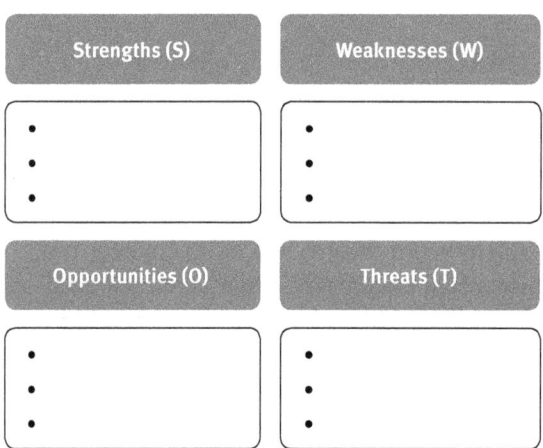

Abb. 3.2: Schematische Darstellung der SWOT-Analyse. Um mit ihrer Hilfe zu Bewertungen und Entscheidungen zu gelangen, sollten in jedem Themenfeld nur wenige Punkte von erkennbarem Gewicht festgehalten werden.

4. Selbstmanagement, Personalführung, Kommunikation

Drei wesentliche Erfolgsfaktoren spielen bei allen wichtigen Fragen, mit denen Führungskräfte konfrontiert werden, eine entscheidende Rolle:

- Selbstmanagement
- Personalführung
- Kommunikation

Sie durchdringen in unterschiedlicher Ausprägung nahezu alle Aspekte des Berufsalltags. Deshalb werden sie an dieser Stelle übergreifend diskutiert. Damit wird auch der Tatsache Rechnung getragen, dass Selbstmanagement, Personalführung und Kommunikation in intensiver Wechselbeziehung stehen und daher nicht isoliert betrachtet werden können. Im weiteren Verlaufe dieses Buches wird das an verschiedenen Stellen immer wieder deutlich werden.

Selbstmanagement

Selbstmanagement wird an erster Stelle behandelt. Das ist kein Zufall. Nur wer sich selbst gut managt, kann auch andere gut und verantwortungsvoll führen.

Führungskräfte sollten sich immer wieder mit ihrer Rolle im Unternehmen auseinandersetzen und mit der Frage, welche Haltung sie persönlich zu bestimmten Unternehmenspositionen einnehmen. Diese Art von Selbstreflexion und Positionsbestimmung leistet einen wesentlichen Beitrag zur erfolgreichen Bewältigung gestellter Aufgaben. Die folgende Übersicht fasst verschiedene Grundfragen zusammen, die sich in der Praxis immer wieder stellen:

- Wie stehe ich persönlich zu dieser Aufgabe/diesem Projekt/diesem Unternehmensziel? Was bedeutet das für mich?
- Trage ich die Ziele mit oder stehe ich ihnen emotional distanziert gegenüber?
- Wie verhalte ich mich, wenn ich anderer Auffassung bin, aber Ziele mittragen muss?
- Kann ich die Ziele meinen Mitarbeitern, meiner Organisation gut vermitteln?
- Wie erreiche ich breite Akzeptanz (das „Buy In") der Organisation?
- Wie schaffe ich Anreize, dieses Projekt umzusetzen?
- Wie kommuniziere ich generell mit meinen engsten Mitarbeitern in der Organisation, mit verschiedenen mitspracheberechtigten Interessensgruppen („Stakeholdern") und auch auf internationaler Ebene innerhalb und außerhalb des Unternehmens?

- Wie kommuniziere ich Erfolge und Niederlagen?
- Wie gehe ich mit unangenehmen und schwierigen Personalentscheidungen um?
- Wie verarbeite ich das Gefühl der Einsamkeit bei schwierigen Entscheidungen oder bei Fehlentscheidungen?
- Wie gehe ich mit meinen Emotionen um?
- Welche Fragen und Probleme überfordern mich?
- Woher bekomme ich die Kraft, Konflikte durchzustehen?
- Will ich überhaupt Führungskraft („Leader") sein?

Einige Fragen aus dieser Liste sind von elementarer Natur. So beispielsweise die für den Berufseinsteiger absolut entscheidende Frage, ob er überhaupt Führungskraft sein will. Wenn ich nicht mit innerlicher Überzeugung zu meiner Rolle und Aufgaben stehe und das Ganze nur als Job oder Pflichterfüllung sehe, wird es mir nicht gelingen eine gute Führungskraft zu werden.

Ein von vielen Consultants oft zitierter Manager, Jack Welch, ehemaliger CEO von General Electric (1981–2001), brachte bei einem Vortrag Qualitäten, die einen erfolgreichen Manager auszeichnen, auf den Punkt „they have it in the blood". Zu den wesentlichen Eigenschaften, die einem im Blut liegen müssen, gehört auch ein klares Verhältnis zur Macht. Denn Leadership ist immer mit Macht verbunden. Man sollte sich daher beizeiten fragen, wie man persönlich diesem Thema gegenübersteht (siehe auch Kapitel 1). Dem Berufseinsteiger mag es vielleicht verfrüht erscheinen, sich bereits zu Beginn der Karriere mit diesem Thema zu befassen. Aber viele Vorgänge, Fragestellungen, Konflikte und Entscheidungen, mit denen er im Laufe seines beruflichen Werdegangs konfrontiert sein wird, haben eine Machtkomponente und lassen sich nur dann richtig beurteilen, wenn dieser Aspekt gebührend berücksichtigt wird. Dabei sollten einem gelegentlich zu hörende Sätze wie „Mit dem Gewinn der Macht beginnt auch die Angst, sie zu verlieren" sehr bewusst sein. Denn zunehmende Macht ist auch immer mit bestimmten Statussymbolen verbunden. Das kann auf die Träger entsprechender Insignien bisweilen berauschende Wirkung haben, wie es in der gebräuchlichen Floskel von der "Droge Macht" zum Ausdruck kommt, und persönlichkeitsverändernde Wirkungen bis hin zu unangemessenen Selbstinszenierungen nach sich ziehen. Entsprechend groß ist dann auch die Angst vor dem Verlust solcher Symbole. Als Führungskraft sollte man sich daher immer wieder vor Augen führen, dass Macht in einem Unternehmen etwas sehr Relatives, an eine bestimmte Position Gebundenes und auf Zeit Verliehenes ist. Man ist daher gut beraten, in allen Zusammenhängen die Bodenhaftung zu wahren und sich unabhängig von allen auf jeweilige Positionen im Unternehmen bezogenen Betrachtungen und Bestrebungen vor allem die Werte des Unternehmens und die Compliance-Regeln zum Maßstab des Handelns zu machen.

Bei aller Faszination und Begeisterung für die mit Gestaltungsmacht verbundenen Möglichkeiten und Chancen, die einem als Führungskraft offen stehen, sollte man die beachtlichen Herausforderungen und persönlichen Risiken nicht übersehen, die damit verbunden sind. Denn wer Initiativen ergreift, ist auch immer dem Risiko des Scheiterns ausgesetzt. Und Sprüche aus dem Managementjargon wie „failure was not accepted as an option" werden dann nicht weiterhelfen.

Im Spannungsfeld zwischen Gestaltungsmöglichkeiten und Risiken kann dem Einsteiger nur dringend geraten werden, sich Klarheit zu verschaffen über Kompetenzen und Verantwortung in seiner Position. Diese sollten in einer Stellenbeschreibung niedergeschrieben sein. Stellenbeschreibungen sollten für jede Position existieren. Dazu gehört auch, dass man persönliche Jahresziele vereinbart, über deren Stand man sich regelmäßig mit den Vorgesetzten austauscht.

Ebenso sollten Einsteiger rasch ein Verständnis für den Ablauf von Geschäfts- und Entscheidungsprozessen im Unternehmen entwickeln. Wichtige Anhaltspunkte hierfür bieten die allgemeine Unternehmensstrategie und die Jahresziele. Ein Verständnis der Kultur des Unternehmens und seiner Werte ist in diesen Zusammenhängen ebenfalls wichtig.

Für die Erarbeitung des Grundverständnisses der neuen Arbeitssituation sollte man sich Zeit nehmen, denn es ist besser, sich erst ein Gesamtbild zu verschaffen, als sich in Anfängerfehler zu verstricken, weil man die Organisation nicht verstanden und zu schnell und unüberlegt gehandelt hat. Es ist im Übrigen völlig in Ordnung, dass man Zeit braucht, sich in eine neue Position einzuarbeiten.

Ein anderer wesentlicher Anforderungskomplex ist der Umgang mit Ambiguitäten, d. h. mehrdeutigen Ausgangssituationen, und Konflikten. Sie sind leider nicht zu vermeiden und Bestandteil des Berufsalltages.

Der Umgang mit Ambiguitäten ist eine der größten Herausforderungen, die man bewältigen muss. Es ist schlichtweg nicht möglich in allen Situationen von einer unzweideutigen Grundlage auszugehen und für kristallene Klarheit zu sorgen. Das wünschen sich zwar Alle, aber Ambiguitäten ergeben sich nahezu unvermeidlich aus Schwächen der Organisation oder der Geschäftsprozesse, aus kontroversen Diskussionen oder noch ausstehenden Entscheidungen zu bestimmten Themen. Dazu kommen vielleicht noch widersprüchliche Meinungen oder Rivalitäten verschiedener Standorte global operierender Organisationen, die teilweise aus den unterschiedlichen Kulturen resultieren. Unausweichlich ist man daher als Führungskraft Konflikten ausgesetzt ist, die sich hieraus und aus verschiedensten anderen Zusammenhängen ergeben. Offensichtlicherweise muss es sich dabei also keinesfalls um selbstverschuldete Ereignisse handeln. Nein, sie sind in Organisationen mit komplexen Problemstellungen und unterschiedlichen Menschen schlichtweg unvermeidlich.

Im Rahmen des darauf bezogenen Selbstmanagements stellen sich verschiedene Fragen, wie zum Beispiel: Kann ich die verschiedenen Stakeholder-Interessen richtig einschätzen oder übersehe ich etwas? Kann ich strukturiert mit ihnen umgehen oder werde ich zwischen ihnen aufgerieben? Bin ich bereit, als Chef auch bestimmte Dinge auszusprechen und einzufordern, die man von Mitarbeitern nicht als selbstverständlich erwarten kann und mich dieser nicht immer angenehmen Verantwortung zu stellen? Dabei muss ich mir auch darüber im Klaren sein, dass die „Organisation" von mir Vorbildfunktion (ein „Role Model") verlangt.

Aus den beschriebenen Szenarien können sich rasch Stresssituationen entwickeln, insbesondere wenn mehrere Ambiguitäten oder Konflikte gleichzeitig auftreten. Hier stellt sich die Frage, ob man in der Lage ist, mit solchen Situationen der Unsicherheit dauerhaft umzugehen, inwieweit sie einen emotional belasten und woraus man Kraft zu ihrer Bewältigung schöpfen kann.

Wer als Führungskraft gegenüber solchen Situationen immun ist, hat sicherlich einen Wettbewerbsvorteil. Es ist aber schwer vorstellbar, dass einen solche Vorgänge völlig unberührt lassen und nicht doch emotional in der einen oder anderen Weise belasten, auch im Privatleben. Man muss sich daher zum Selbstschutz wirklich sehr ernsthaft die Frage stellen, inwieweit und mit welchen Mitteln man solche Dinge auf Distanz halten kann. Denn sie können erhebliche Auswirkung auf die gesamte Leistungskraft haben.

Eine Fülle von Tipps zur Wahrung des emotionalen Abstands und Gleichgewichts ist Zeitungsinterviews von prominenten Führungskräften zu entnehmen. Es werden dort verschiedenste Empfehlungen gegeben, wie Sport, Meditation, religiöse Besinnung, Konzentration auf die Familie und vieles mehr. Bewundernswert, wenn man da so souverän ist. Eine Patentlösung gibt es aber nicht. Führungskräfte müssen wissen, dass es diese Situationen gibt, und lernen, damit umzugehen. Diese Lernkurve kann sehr viel Zeit in Anspruch nehmen. Wer das Lernziel nicht erreicht und dauerhaft zum Getriebenen wird, muss sich schließlich ernsthaft fragen, ob Führungskraft die richtige Option für ihn ist und eine Fachkarriere (siehe auch Kapitel 6) nicht die bessere Alternative gewesen wäre. Denn zu Stresssituationen wird es immer wieder kommen.

Bewusst sei in diesem Zusammenhang noch die Bedeutung der so genannten Work-Life Balance angesprochen. In jüngster Zeit häufen sich die Meldungen über Erschöpfungszustände von Führungskräften bis hin zu einem manifesten Burn-out, wobei dies nur die Spitze des Eisbergs zu sein scheint. Die dramatische Beschleunigung vieler Prozesse und Abläufe zu Beginn des 21. Jahrhunderts und die Vielfalt und Dynamisierung von Kommunikationsmöglichkeiten können zu einer Dauerüberforderung führen, die hierzu beiträgt, insbesondere dann, wenn man in tradierten Gewohnheiten verharrt. Da sich jedoch kein Unternehmen dieser Entwicklung entziehen kann, wenn es erfolgreich im Markt bestehen will, ist es zum einen notwendig, sich einen souveränen Umgang mit den entsprechenden Informations- und Kommunikationsverfahren anzueignen. Gerade Berufseinsteiger haben hier Vorteile. Sie sind ja mit dem Internet aufgewachsen und bringen mit Sicherheit neue Fähigkeiten mit, die für das Unternehmen wertvoll sind. Der gestiegenen Hektik im Berufsalltag sollten zum anderen aber auch sehr bewusst und durchaus mit einer gewissen Disziplin Zeiten der Ruhe und Entspannung im privaten Raum gegenübergestellt werden, um Überforderungssituationen zu vermeiden.

In allen hier angesprochenen Zusammenhängen und zu allen Zeitpunkten der Karriere, sollte man, wie schon in Kapitel 1 angesprochen, über seine ganz persönliche Rolle und Entwicklung nachdenken. Selbstreflexion ist kein Zeichen von Schwäche – im Gegenteil. Es ist hilfreich, sich ein klares Bild von der eigenen Situation und der Selbst- und Fremdwahrnehmung der eigenen Person im Unternehmen zu machen. Eine gelegentliche persönliche SWOT-Analyse (Kapitel 3) kann sehr nützlich für eine derartige Standortbestimmung und eine realistische Einschätzung der eigenen Möglichkeiten sein. Man sollte sich schon ehrgeizige Ziele setzen, aber jede Art von Selbstüberschätzung ist fehl am Platz. Schwerwiegend ist, zu viel zu versprechen und dann nicht zu liefern.

Ob man in schwierigen Situationen einen persönlichen Coach zu Rate ziehen sollte, kann nicht pauschal oder im Sinne einer Empfehlung beantwortet werden. Wenn man sich jemanden im Unternehmen anvertraut, sollte das jedenfalls gut überlegt sein, denn als Führungskraft steht man grundsätzlich in Konkurrenz mit seinen Kollegen.

Realistischerweise sollte auch in einem an Berufseinsteiger gerichteten Werk nicht verschwiegen werden, dass es Situationen und Konstellationen gibt, die es nahelegen, sich nach anderen Karriereoptionen umzusehen, intern oder extern. Es ist deshalb in allen Karrierephasen gut, wenn man seinen Marktwert kennt. Vielleicht ist man ja in einem Unternehmen gescheitert, wird in einem anderen aber glücklich. Das eine passt eben eher zu einem und das andere nicht.

Abschließend sollte eines noch einmal hervorgehoben werden: Selbstmanagement muss im Einklang mit der Strategie, den Zielen und den Werten des Unternehmens stehen. Es sollte dabei aber immer von persönlichen Werten und dem Gewissen geleitet bleiben.

Personalführung („Leading People")

Mitarbeiterführung in unterschiedlichster Form ist ein elementarer Erfolgsfaktor für jedes Unternehmen und dementsprechend eine zentrale Aufgabe von Führungskräften. Fragen von Mitarbeitermotivation und -demotivation, aber auch das Risiko einer permanenten Überforderung von Mitarbeitern mit der Gefahr der Erschöpfung oder des „Burn-outs", stehen unmittelbar mit diesem Thema im Zusammenhang.

Die meisten Berufseinsteiger haben auf dem Gebiet der Mitarbeiterführung so gut wie keine Erfahrung. Allenfalls hatte man im bisherigen Berufsleben Verantwortung für einen technischen Mitarbeiter und die Betreuung von Studenten, Praktikanten oder Diplomanden. Das war aber meist das Maximum, eine systematische Auseinandersetzung mit diesem Thema fehlt üblicherweise völlig.

Aufgrund der großen Bedeutung von Personalführung im Unternehmensbereich werden neu eingetretene Führungskräfte von der sogenannten „Organisation" zunächst aber gerade im Hinblick auf ihr diesbezüglichen Qualitäten als Chef beurteilt und nicht nach ihrer fachlichen Exzellenz. Solche „Beurteilungen" der Basis sprechen sich natürlich im Unternehmen herum, vielleicht noch begleitet von Gerüchten, und können im Problemfall schneller als erwartet zur Einschaltung von Vertrauensleuten und Betriebsräten führen. Anfängerfehler in diesem Bereich können sich somit vom ersten Tag an Karriere hindernd auswirken, da gibt es keine Schonzeit!

In diesem Abschnitt sollen daher in verdichteter Form einige Grundprinzipien der Mitarbeiterführung dargestellt werden, die auch im Weiteren immer wieder aufgegriffen werden. Auf der Grundlage des über die Folgekapitel vermittelten Gesamtverständnisses von Managementanforderungen werden spezifische, mit Mitarbeiterführung verbundene Themen wie „Management und Leadership" (Kapitel 11) und „Unternehmenskultur und Werte" (Kapitel 12) später noch im Einzelnen vertieft.

Zunächst sollte man sich bewusst machen, dass Führung von Mitarbeitern auf vielen Ebenen und in unterschiedlichsten Formen und Kontexten stattfindet. Es kann sich dabei um eine klare hierarchische Beziehung handeln, wie sie etwa durch direkte Unterstellung im Sinne von Chef und Mitarbeiter gegeben ist, wobei man natürlich auch selbst einen Chef hat und damit automatisch Führender und Geführter zugleich ist (letzteres gilt auch für den CEO: er muss sich mit dem Aufsichtsratsvorsitzenden auseinandersetzen). Mitarbeiterführung erfolgt aber auch in z. T. international zusammengesetzten Teams (Kapitel 7), die man im eigenen Zuständigkeitsbereich eingesetzt hat oder denen man selbst als Teammitglied mit Verantwortung für eine bestimmte Funktion angehört, wie das z. B. in Leadership-Teams der Fall ist. Hier resultiert Führungsverantwortung eher aus einer hervorgehobenen koordinierenden Funktion und der Vereinbarung gemeinsamer Ziele, denn aus hierarchischer Unterstellung. Über diese strukturell organisierten Formen hinaus werden Mitarbeiter natürlich auch über „Leadership by Influence" unter Nutzung der im Unternehmen vorhandenen Netzwerke und Kommunikationskanäle geleitet. Einmal mehr spielt in all diesen Zusammenhängen natürlich der kulturelle Kontext eine große Rolle, denn die Mechanismen können in unterschiedlichen Kulturen/Ländern sehr verschieden sein. So erfolgt Mitarbeiterführung in deutschen Unternehmen anders als in amerikanischen und in diesen beiden völlig anders als in chinesischen Unternehmen. Aber immer gilt auch hier, dass man als Vorgesetzter klar wissen muss, welche Kompetenzen man hat und welche Verantwortung. Also welche Entscheidungen man selbst treffen kann und auch muss und wann die Kompetenzen überschritten werden.

Wie führt man nun richtig und gut? Auch dafür gibt es kein Patentrezept, nicht das „eine" Prinzip oder „die" richtige Vorgehensweise. Mitarbeiterführung ist keine Formalie, sie lässt sich weder in ein Spreadsheet oder Template packen noch über das Abhaken von Aufgabenlisten aus den vielen „How to ..." Werken „erledigen". Im Folgenden werden daher einige Denkanstöße gegeben und Erfahrungen vermittelt mit dem Ziel, verschiedene Handlungsoptionen aufzuzeigen. Wesentliches Kriterium guter Mitarbeiterführung ist der Erfolg des Gesamtunternehmens am Markt und der Beitrag motivierter Mitarbeiter zu diesem Erfolg.

Ein wesentliches und international bewährtes Instrument zur Bewältigung dieser Aufgabe ist Führung über Zielvereinbarungen („Management by Objectives"), die an den allgemeinen Unternehmenszielen orientiert sind (siehe hierzu auch Kapitel 9).

Diese Methode gibt beiden Seiten Sicherheit. Wenn man messbare Ziele mit eindeutigen Vorgaben vereinbart, gibt es eine klare Grundlage für die Leistungsbewertung. Insofern lässt sich dieses Verfahren, das von vielen Unternehmen in Form spezifischer Zielsetzungsprozesse organisiert ist, auch besonders gut und glaubwürdig mit variablen Gehaltsvereinbarungen, etwa Erfolgsprämien und Aktienoptionen („Stock Options"), verbinden.

Eine besondere Bedeutung kommt Zielvereinbarungen im Zusammenhang mit Teambildungsmaßnahmen zu. Durch individuelle Profile und Verhaltensweisen, insbesondere in internationalen Teams mit unterschiedlichem kulturellen Hintergrund, und aufgrund gruppendynamischer Prozesse ist hier eine erhöhtes Konfliktpotential gegeben. Dieses verstärkt sich noch weiter, wenn in einem Team keine hierarchischen Unterstellungen vorhanden sind. Hier muss unbedingt über die Vereinbarung definierter Ziele geführt werden. Dies schließt Ambiguitäten zwar nicht aus, ermöglicht es aber, damit zu leben.

Eine weitere wesentliche Komponente der Mitarbeiterführung besteht in der Personalentwicklung. Dies ist eine Aufgabe des Gesamtunternehmens, die jedoch den Input der jeweiligen Vorgesetzten benötigt, die das Potenzial ihrer Mitarbeiter gut kennen, entsprechend berücksichtigen und weiterentwickeln sollten. Unterforderung macht ebenso wenig Sinn wie permanente Überforderung. In diesen Zusammenhängen sollten Mitarbeiter immer wieder Feedback erhalten (siehe auch Kapitel 12). Wenn man ihnen sagt, was gut war, werden sie selbst leichter erkennen, was manchmal nicht gut läuft bzw. wo „Areas for Development" (Kapitel 1) liegen.

Natürlich muss man auch darauf vorbereitet sein, dass trotz aller Bemühungen, die Personalentwicklung in Einzelfällen nicht so verläuft wie erhofft und eigentlich notwendig, dass plötzlich die Leistung nicht mehr stimmt und Probleme im Raume stehen. In diesem Falle sollte man sich bemühen, „individuelle" Lösungen zu finden und nicht formale. Solche Krisen lassen sich am besten meistern, wenn ein Vertrauensverhältnis zu den Mitarbeitern besteht, dem insofern große Beachtung geschenkt werden sollte. In jedem Fall muss sich der Vorgesetzte hier einsetzen. Das ist Teil seiner Führungsverantwortung: „He/she cares"! (siehe hierzu auch Leadership-Profile, Kapitel 12). Persönlich schwierige Situationen und emotionale Belastungen sind dabei unvermeidlich und müssen ausgehalten werden.

Grundsätzlich sollten Chefs jedenfalls auch daran gemessen werden, welchen Beitrag sie zur Entwicklung ihnen zugeordneter Mitarbeiter geleistet haben und wie sich diese bei Wahrnehmung neuer Aufgaben und in ihrer Karriere weiterentwickeln. Es kann nicht sein, dass sich Engagement und Leistung nur für den Chef lohnen. Personalentwicklung im Sinne der Eröffnung einer positiven Karriereperspektive muss für alle gelten.

Die erwähnten Zielvereinbarungen (Führung durch Ziele – „Management by Objectives"), regelmäßige Mitarbeitergespräche, in denen über erreichte und neue Ziele und diskutiert wird, sowie Personalentwicklung sind sehr wirksame Instrumente zur Mitarbeiterführung, wenn sie konsequent eingesetzt werden. Natürlich gibt es viele weitere Initiativen, die in bestimmten Situationen sinnvoll sind, um etwa Anpassungen an sich ständig verändernde Organisationsstrukturen und Formen der Zusammenarbeit vorzunehmen oder den neuen Anforderungen durch zunehmende Internationalisierung von Arbeitsprozessen und Möglichkeiten des Internets gerecht zu werden. Diese Tatsachen erfordern variable Führungsansätze. Dabei den ganzen „Budenzauber" mancher HR-Experten und Consultants durchzuziehen, sollte man kritisch überdenken. Von Esoterik und Psychospielchen kann nur abgeraten werden. Es liegt immer im Ermessen und der Verantwortung des Chefs, diesbezüglich auch einmal nein zu Vorschlägen von „Oben" zu sagen.

Auch wenn Führungskräfte ihrerseits geführt werden und die Zeiten der Alphatiere und starren hierarchischen Strukturen weitgehend der Vergangenheit angehören, muss in allen angesprochenen Situation klar sein, wer im konkreten Zusammenhang der Chef ist und welche Prinzipien und Verantwortlichkeiten nicht verhandelbar sind. Letztere beinhalten auch unangenehme Pflichten. So muss es ein Chef klar zur Sprache bringen, wenn z. B. Leistung und Einstellung nicht stimmen, und im äußersten Fall auf Instrumente wie Abmahnungen, die in diesen Fällen zur Verfügung stehen, zurückgreifen. Darum kann sich ein Vorgesetzter nicht drücken, wenn es angezeigt ist, und das wird auch ein Betriebsrat akzeptieren. Ein Chef muss auch Grenzen aufzeigen und selbst für klare Arbeitsprinzipien stehen. Zudem wird es Konfliktsituationen geben, in denen er frei entscheiden können muss. Dann muss alles Persönliche außen vor sein. Da wäre es von großem Nachteil, wenn persönlicher Ballast im Weg stände. Bei aller Bedeutung eines guten Vertrauensverhältnisses zu den Mitarbeitern muss daher von „Verbrüderung" dringend abgeraten werden. Es lohnt sich sehr über den Satz eines Topmanagers „be friendly not friend" nachzudenken.

Diese Dinge sind komplex und der Anfänger ist gut beraten, sich erst einmal ein umfassenderes Bild zu machen, um sich nicht vorschnell in Situationen zu bringen, aus denen er nicht mehr herauskommt. Lieber etwas länger beobachten und in Ruhe Argumente sammeln, die nicht zu entkräften sind. Bei Zweifeln an der Leistung und Einstellung eines Mitarbeiters sollte man bedenken, dass er vielleicht nur am falschen Platz und mit seiner Aufgabe unter- oder überfordert ist, und sich ggf. nach einer anderen Position im Unternehmen umsehen, die besser zu ihm passt und ihm eine neue Chance bietet. Das hat nichts mit „Wegloben" zu tun. In jedem Fall sollte man sich aber in solchen und anderen Konfliktsituationen gerade in der beruflichen Anfangsphase Rat holen und bei einer Entscheidung die Unternehmenswerte berücksichtigen, die gerade in solchen Fällen hilfreiche Leitlinien bieten können.

Kommunikation

Führung und Kommunikation sind untrennbar miteinander verbunden. Ohne Kommunikation ist wirksame Führung nicht möglich. Kommunikation ist eine ganz entscheidende Komponente der Unternehmenskultur und prägt sie in erheblichem

Maße. Diese Tatsache ist so offensichtlich, dass ihre Feststellung nahezu als Gemeinplatz empfunden werden mag. Es ist dennoch wichtig, sie immer wieder zu betonen, damit sie verinnerlicht und gelebt wird.

Eine erschöpfende Behandlung dieses Themas in all seinen Facetten ist im Rahmen dieses Buchs nicht zu leisten. Stattdessen werden einige für Berufseinsteiger besonders wichtige Aspekte in sehr verdichteter Form behandelt. Sie betreffen zum einen verschiedene Ebenen der Kommunikation, zum anderen aber auch die zu kommunizierenden Inhalte und gebotene bzw. geeignete Formen und Formate ihrer Vermittlung. Was die Inhalte betrifft, so sei schon jetzt betont, dass es dabei um das Unternehmen und dessen Entwicklungen und nicht um Selbstdarstellung und Präsentation des Managements geht.

Berufseinsteiger werden je nach Unternehmen und Tätigkeit/Funktion vom ersten Tag an mit unterschiedlichsten Kommunikationsanforderungen konfrontiert. Dies erfordert eine erhebliche Umstellung ihrer bisherigen Gewohnheiten. In der vertrauten Welt der akademischen Forschung drehte sich Kommunikation wesentlich um die Vermittlung wissenschaftlicher Inhalte und neuer Forschungsergebnisse an eine weitgehend homogene Interessensgruppe oder einen Betreuer. Mit dem Eintritt in ein Unternehmen und der Übernahme von Führungsverantwortung steht man vor einer grundlegend anderen Situation. Die Kommunikation richtet sich ab sofort an heterogene Zielgruppen, die von direkten Mitarbeitern, Vorgesetzten bis hin zu verschiedensten Stakeholdern und externen Gruppierungen mit unterschiedlichsten Interessenslagen reichen können. Es geht auch nicht mehr darum, aktuelle Forschungsergebnisse in einem möglichst brillanten Vortrag zu präsentieren (im Gegenteil, siehe unten!), sondern ganz andere Themen stehen nun im Vordergrund. Diese mögen auf den ersten Blick inhaltlich „schlichter" erscheinen, aufgrund der sehr konkreten Konsequenzen ihrer Vermittlung für die Unternehmensentwicklung bestehen jedoch im industriellen Bereich weitaus komplexere und anspruchsvollere Anforderungen an ihre adäquate Vermittlung. Nicht umsonst unterhalten daher große Unternehmen eigene Kommunikationsabteilungen mit unterschiedlichsten Aufgaben, wie z. B. interne Kommunikation, Corporate Communication, Produktkommunikation, Behördenkommunikation, Öffentlichkeitsarbeit, Investor Relations und Krisenkommunikation. Zudem gibt es in Unternehmen üblicherweise auch Kommunikationsleitlinien (eine „Communication Policy"), in denen festgelegt ist, wer wann zu welchen Themen etwas sagen darf bzw. muss.

Grob lassen sich die an einzelne Führungskräfte auf dieser Grundlage gestellten Anforderungen in zwei Bereiche mit unterschiedlichen Schwerpunkten unterteilen: Interne Kommunikation und externe Kommunikation.

Was die externe Kommunikation betrifft, so sollte man sich zunächst seiner grundlegenden Rolle bei der Repräsentanz des Unternehmens bewusst sein. Man vertritt bei entsprechenden Gelegenheiten die Firma, ihre Inhalte und Zielsetzungen ebenso wie ihre Werte und Kultur, und trägt dadurch Mitverantwortung für Corporate Identity und Außenwahrnehmung des Unternehmens. Dementsprechend sollte man auf Diskussionen und Fragen zum Unternehmen vorbereitet sein. Zwei weitere, z. T. eng miteinander verbundene Aspekte, sind zudem besonders zu beachten: Während in der Welt der akademischen Forschung eine um möglichst große Aufmerksamkeit bemühte Darstellung aktueller Forschungsergebnisse und Strategien gefragt war und nur selten negative Auswirkungen hatte, ist dies in Unternehmen eine absolutes „no go". Einerseits wäre die Konkurrenz an solchen Informationen außerordentlich interessiert und für entsprechende Hinweise dankbar. Andererseits könnten vorzeitig mitgeteilte Forschungs- und Entwicklungsergebnisse (F&E-Ergebnisse) mögliche Patentanmeldungen verhindern und damit sogar unmittelbare Auswirkungen auf den Firmenwert, d. h. den Aktienkurs haben. Dies könnte etwa bei Start up-Unternehmen zur unmittelbaren Bedrohung der Existenz führen.

Ein zweiter wesentlicher Punkt betrifft den Umgang mit den Medien. Hier ist zunächst zu beachten, dass in Unternehmen grundsätzlich alle Kontakte mit den Medien mit der Kommunikationsabteilung abgestimmt sein müssen. Zudem sollte man sich bewusst sein, dass man von den Medien gerne in die Schublade des mehr oder weniger bedenkenlos profitorientierten Unternehmensvertreters gesteckt und daher häufig mit entsprechend kritischen Fragen in Rechtfertigungspositionen gedrängt wird. Man wird schnell herausfinden, ob in solchen Situationen tatsächlich Inhalte im Vordergrund stehen oder ob es den Medienvertretern hauptsächlich um Auflage und Quote geht. In jedem Fall kann ein professionelles Medientraining nur empfohlen werden.

Die interne Kommunikation, die bei Berufseinsteigern üblicherweise zunächst die Hauptrolle spielen wird, unterscheidet sich in mehrfacher Hinsicht von den beschriebenen Anforderungen an externe Kommunikation. Dies betrifft zum einen die Adressaten von Kommunikationsvorgängen, wobei zunächst Mitarbeiter, Kollegen und Vorgesetzte im Vordergrund stehen mögen, der Kreis üblicherweise aber bald auch den Betriebsrat, Kooperationspartner und Kunden etc., teils im internationalen Raum, einschließt. Es gilt zum anderen aber auch für die Kommunikationsinhalte. Hier stehen Ziele, Strategien zu deren Erreichung, Erfolge und natürlich auch Verbesserungspotenziale und die Herausforderungen der Zukunft als Themen im Vordergrund.

Im Hinblick auf die Vermittlung dieser Themen sollte man sich als Führungskraft zunächst darüber im Klaren sein, dass sich Äußerungen in Abwesenheit der unmittelbaren Adressaten schnell verbreiten und zu Botschaften werden können, die sich verselbstständigen. Dahinter muss nicht böse Absicht stehen. Aussagen werden nun einmal unterschiedlich wahrgenommen und daher unterschiedlich weitergegeben. Selbst wenn man noch so sehr von seinem Kommunikationstalent überzeugt sein mag, sollte man sich diesbezüglich keinen Illusionen hingeben. Es ist deshalb immer vorzuziehen, direkt und persönlich zu kommunizieren und Rückfragen zu erlauben. Besser die Betroffenen hören es im Original als gefiltert bzw. mit entsprechenden Interpretationen versehen. Deshalb sollte man auch die Kommunikationsformate so wählen, dass die richtigen Zielgruppen umfassend erreicht werden. Des Weiteren sollte man sich bewusst sein, dass man als Führungskraft von der Belegschaft eindeutig der Unternehmensleitung zugeordnet wird, auch wenn man ein anderes Selbstverständnis haben sollte. Hier ergibt sich relativ leicht eine Situation des „Mittendrin". Denn obwohl man selbst einigen Entscheidungen der Unternehmensleitung kritisch gegenüberstehen mag, wird man in deren Stellvertreterrolle gedrängt und es werden entsprechende Erklärungen erwartet. Auch wenn unzweifelhaft feststeht, dass Führungskräfte nicht selten das „ausbaden" müssen, was an der Spitze schief läuft, empfiehlt sich hier eine eindeutige Grundhaltung: Man sollte entweder offen kritisch Stellung nehmen mit allen damit verbundenen Risiken oder die Entscheidung der Unternehmensleitung loyal mittragen. Von einem „Herumlavieren" durch unterschiedliche Aussagen im Vorder- und im Hintergrund ist jedenfalls dringend abzuraten. Das kommt auf Dauer nirgendwo gut an.

Ein anderer, ebenfalls mit der Zuordnung zur Unternehmensleitung verbundener und die interne Kommunikation erheblich beeinflussender Faktor besteht darin, dass es üblicherweise nur eine Frage der Zeit ist, bis man als Vorgesetzter damit konfrontiert wird, dass sich Mitarbeiter und Belegschaft nicht ausreichend informiert fühlen. Damit werden meist auch gleich der Vorwurf einer „Hidden Agenda" und die Frage nach den „wahren" Zielen verbunden. Dahinter stehen nicht selten politische Absichten, denn schließlich wird in großen Firmen ja auch durchaus konkrete Politik gemacht. Gewerkschaften und Betriebsrat, die häufig eng mit bestimmten Parteien verbunden sind und insofern auch bestimmte politische Interessen verfolgen, spielen hier eine sehr aktive Rolle, die allerdings auch kulturspezifisch geprägt ist: So sind etwa in Frankreich Gewerkschaften teilweise sehr dogmatisch ausgerichtet und haben ein ganz anderes Verständnis von Mitbestimmung, als es in Deutschland der Fall ist.

In diesem und den anderen hier angesprochenen Zusammenhängen (für eine eingehendere Diskussion von Wissenschaftskommunikation siehe von Arentin und Wess [28]) noch einige spezielle Hinweise und Empfehlungen:

- Die Effektivität von Kommunikation ist ein ganz entscheidender Aspekt. Für den Einzelnen und zumal den Berufseinsteiger stellt sich daher die Frage nach der richtigen Kommunikationsstrategie. Da Kommunikation ein Lernprozess ist, sollte man sich um Feedback bemühen, um zu erfahren, ob man seine Botschaften klar vermittelt, ob man akzeptiert wird und Resonanz bei Kollegen und Mitarbeitern findet. Dialogbereitschaft und aktives Zuhören spielen dabei eine wichtige Rolle und sind eng mit dem Thema der Glaubwürdigkeit verbunden.
- Zu allen Zeiten wird das Spiel „Wissen ist Macht" gespielt. Ebenso werden gezielt Gerüchte in die Welt gesetzt. Insbesondere in Krisensituationen kann es schon alleine aus diesem Grund zu Schwierigkeiten und Konflikten kommen. Auch deshalb ist die Entwicklung guter Kommunikationsstrategien eine der wesentlichen Herausforderungen für Führungskräfte.
- Auf viele Fragen gibt es oft noch keine Antworten, wenn von Organisation und Mitarbeitern bereits Klarheit gefordert wird. Häufig wird auf Entscheidun-

gen gedrängt, obwohl der richtige Zeitpunkt dazu noch in weiter Zukunft liegt, weil beispielsweise wichtige Daten fehlen. Führungskräfte müssen mit diesem Dilemma zurechtkommen. Es können dann einfach keine Antworten gegeben werden. Das sollte man auch sehr deutlich sagen. Häufig reicht schon aus, wenn man die Ziele vor dem Hintergrund der Strategie, den Prozess sowie die Kriterien erläutert, die zur Entscheidung führen werden, denn Nachvollziehbarkeit, Transparenz und Glaubwürdigkeit sind in solchen Kommunikationszusammenhängen wichtige Erfolgsfaktoren. Man kann durchaus zugeben, dass man noch keine Antwort hat und an der Lösung arbeitet oder auch offen klarstellen, dass man über ein bestimmtes Thema (noch) nicht sprechen will. Das ist zu akzeptieren. Wer aber einmal beim Lügen erwischt wird, hat verloren – ein absolutes „no go"!
- Soll alles kommuniziert werden? Jeder Mitarbeiter muss die Informationen haben, die er braucht, um seine Arbeit im Sinne der Unternehmensstrategie und Zielsetzung effizient verrichten zu können. Jeder Mitarbeiter muss aber nicht alles zu jeder Zeit wissen. Viele Themen mit denen sich Führungskräfte beschäftigen, sind nicht für die Kommunikation gedacht. Das wäre sogar kontraproduktiv und würde die Organisation völlig verunsichern. Führungskräfte müssen Szenarien entwickeln und Optionen prüfen, von denen die meisten niemals realisiert werden. Solche Arbeit ist vertraulich. Allerdings sollte man beispielsweise schon sagen, dass man grundsätzlich immer über Umstrukturierungen oder Unternehmensfusionen („Merger") und Akquisitionen nachdenkt. Das ist ebenfalls Aufgabe des Managements, auch wenn es teilweise mit der Verkündung unangenehmer Wahrheiten verbunden ist. Im Übrigen sollte man so wie auf Krisen auch auf die Krisenkommunikation vorbereitet sein.
- Im Sinne einer geordneten Kommunikation, die den obigen Aspekten Rechnung trägt, ist es in jedem Falle auch ratsam, am Ende von Leitungssitzungen die Frage zu stellen, was zu kommunizieren ist und der diesbezüglichen Diskussion entsprechende Zeit einzuräumen. Es kann nicht sein, dass jeder Teilnehmer etwas anderes kommuniziert. Hier gilt wirklich die Aufforderung „speak with one voice".

Ein Thema von großer Bedeutung sei abschließend noch mit besonderer Betonung angesprochen: die Krisenkommunikation. Auf Krisenkommunikation muss man eingestellt sein und sie muss als Bestandteil eines übergeordneten Krisenmanagements vorbereitet und eingeübt werden. Denn selbst bei bester Unternehmensführung, umfassendem Risikomanagement, dem Vorhandensein von Frühwarnsystemen und anderen eingespielten Systemen zur Vermeidung von Krisen muss davon ausgegangen werden, dass Führungskräfte in ihrem Berufsweg auch Krisensituationen ausgesetzt sind.

Diese können vielfältige Ursachen haben wie beispielsweise Unfälle und Störfälle, Probleme mit der Produktsicherheit, Einbrüche im operativen Geschäft, Verstöße von Personen gegen Compliance-Regeln oder politische Anlässe. Dann muss klar sein, wie zu verfahren ist und wie die Krise gemeinsam mit den Fachabteilungen und verschiedenen Stakeholdern, möglicherweise unter Einsatz eines Krisenstabs (einer „Task Force") zu bewältigen ist, und hierzu gehört eben auch eine geordnete und klar strukturierte Kommunikation. Die Kommunikation kann mit der Erklärung der Faktenlage und der Maßnahmen zur Lösung des Problems erledigt sein. Es können sich aber auch sehr viel komplexere Anforderungen an das Kommunikationsmanagement ergeben, wenn sich etwa ein besonderes mediales Interesse entwickelt, das im Allgemeinen auch entsprechende Stürme im Internet einschließt.

Es gehört zu den Aufgaben von Führungskräften, sicherzustellen, dass alles Menschenmögliche getan wird, um Krisen zu vermeiden, aber auch Vorbereitungen – sowohl auf der Ebene des Handelns als auch des Kommunizierens – für mögliche Krisenfälle zu treffen. Beides ist Bestandteil von guter Unternehmensführung.

5. Wertschöpfung, Arbeitsprozesse und organisatorische Anpassungen

Wertschöpfungsketten

Unternehmen müssen sich am Markt im Wettbewerb mit ihren Produkten und Dienstleistungen durchsetzen und einen ausreichenden Gewinn erzielen. Aus diesem Grund haben sie bestimmte Prozesse und Abläufe der Wertschöpfung entwickelt, die die Grundlage der unternehmerischen Tätigkeit bilden. Diese Wertschöpfungsketten können sich je nach Unternehmensart und Branche beträchtlich voneinander unterscheiden. In diesem Kapitel soll dem Berufsanfänger vor Augen geführt werden, dass der elementare Prozess der Wertschöpfung bestimmend für alle anderen Unternehmensaktivitäten ist und zudem maßgeblich auf die Unternehmensstruktur einwirkt. Er steht somit auch im Zentrum wesentlicher Anforderungen an das Unternehmensmanagement.

Um dies zu verdeutlichen, sollen zunächst die beiden Grundtypen der Wertschöpfung im Bereich technisch-wissenschaftlich orientierter Firmen skizziert werden, die auf modularen bzw. integrierten Wertschöpfungsketten basieren [23] (siehe Abbildung 5.1 und Abbildung 5.2).

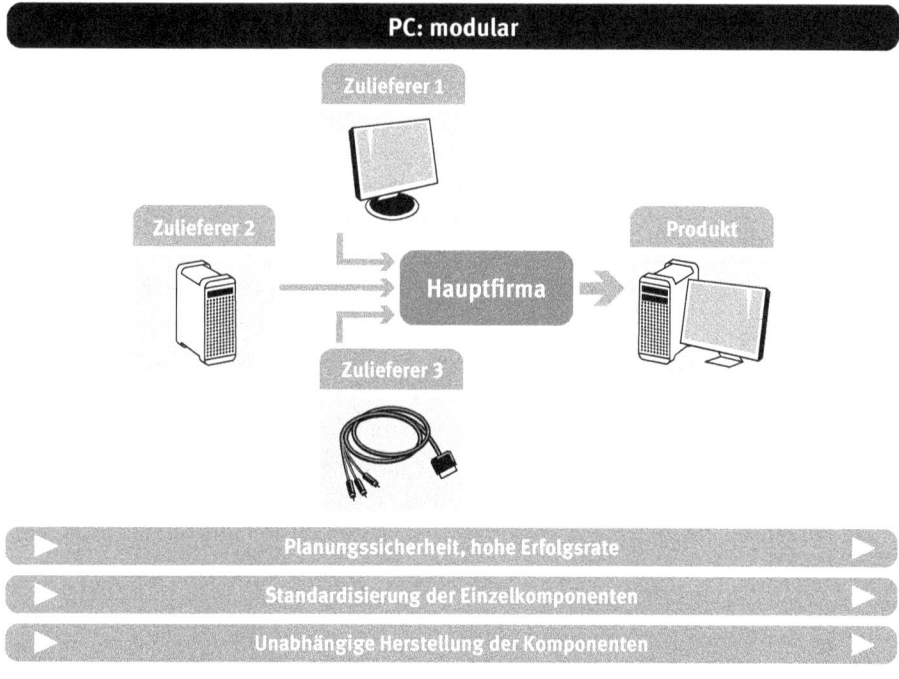

Abb. 5.1: Modulare Wertschöpfungskette zur Herstellung eines PC.

Typische Beispiele für Branchen mit modularen Wertschöpfungsketten sind die Auto-, Computer- oder Smartphoneindustrie. Die Erzeugung von Produkten in diesen Unternehmensbereichen beruht elementar auf der Zusammenführung verschiedener Module, die von verschiedenen Herstellern in unterschiedlichsten Prozessen entwickelt und gefertigt werden. Abbildung 5.1 illustriert dies am Beispiel der Herstellung eines PC. Unter der Voraussetzung, dass die Einzelteile die jeweiligen Spezifikationen erfüllen (d. h. den jeweils spezifisch für sie vom Unternehmen entwickelten und definierten Anforderungen gerecht werden), funktionieren und aufeinander abgestimmt sind, kann man davon ausgehen, dass auch das Endprodukt funktioniert. Deshalb ist das Risiko eines kompletten Fehlschlags der Forschungs- und Entwicklungsaktivitäten zur Produktgenerierung und damit das gesamtunternehmerische Risiko bei modularen Wertschöpfungsketten relativ gering. Optimierungsmöglichkeiten liegen bei Produkten, die über modulare Wertschöpfungsketten erzeugte werden, zum einen im Bereich der Herstellung der Einzelteile. Dementsprechend sind Standards und Spezifikationen enorm wichtig. Weitere wichtige Aspekte betreffen die Qualität der Zulieferer und die von ihnen angebotenen preislichen Konditionen, die sich unmittelbar auf die Gestaltungsmöglichkeiten des Endproduktpreises auswirken. Eine wesentliche Frage betrifft schließlich noch die Differenzierung der Produkte. Handelt es sich um Produkte mit grundlegender Innovation oder eher inkrementellen Verbesserungen? Welche Eigenschaften entscheiden am Markt? Sind es Handhabbarkeit, Design und Service oder sind es eher Preis- und Marketingargumente, die den Ausschlag geben? Hier bieten die Beispiele Automobil, PC oder Smartphone gutes Anschauungsmaterial und viel Diskussionsstoff. Die oft gehörte Aussage, dass „Apple keine Kunden sondern Fans" habe, unterstreicht die Bedeutung von Kundenwunsch und Marketing bei Produkten, die über modulare Wertschöpfungsketten erzeugt werden.

Im Vergleich zu modularen Wertschöpfungsketten besteht bei integrierten Wertschöpfungsketten, die z. B. die Grundlage der Arzneimittelentwicklung und damit der Pharmaindustrie bilden, ein erheblich höheres unternehmerisches Risiko.

Wie Abbildung 5.2 verdeutlicht, erstreckt sich alleine der Prozess der Produktgenerierung, im konkreten Fall also der Entwicklung eines neuen Arzneimittels, im Falle einer integrierten Wertschöpfungskette über einen sehr viel längeren Zeitraum, häufig über zehn Jahre und mehr. Am Anfang dieses Prozesses steht Grundlagenforschung, die auf das Verständnis des Krankheitsmechanismus, die Beschreibung damit verbundener molekularer Mechanismen und das Auffinden potentieller Wirkstoffe zu deren Beeinflussung ausgerichtet ist. Entsprechende Sunstanzen werden in einer sich daran anschließenden präklinischen Phase im Hinblick auf ihr biologisches Wirkspektrum und ihre Nebenwirkungen charakterisiert und optimiert und insbesondere bezüglich ihrer Sicherheit getestet. Erste Untersuchungen am Menschen erfolgen in klinischen Studien der Phase I, die an gesunden Freiwilligen durchgeführt werden und Sicherheit und Verträglichkeit betreffen. Daran schließt sich die klinische Phase IIa an, die eine kleine Patientengruppe umfasst. Dort geht es um den Nachweis der Tragfähigkeit des Konzepts (den „Proof of Concept"), nämlich um die

Frage, ob die Substanz das Krankheitsgeschehen positiv beeinflussen kann und in welcher sicheren Dosis dies möglich ist. In den großen klinischen Studien der Phase IIb und IIIa erfolgt dann der Test der allgemeinen Therapietauglichkeit. Diese Studien sind wesentlich für die spätere Zulassung als Arzneimittel durch die Aufsichtsbehörden.

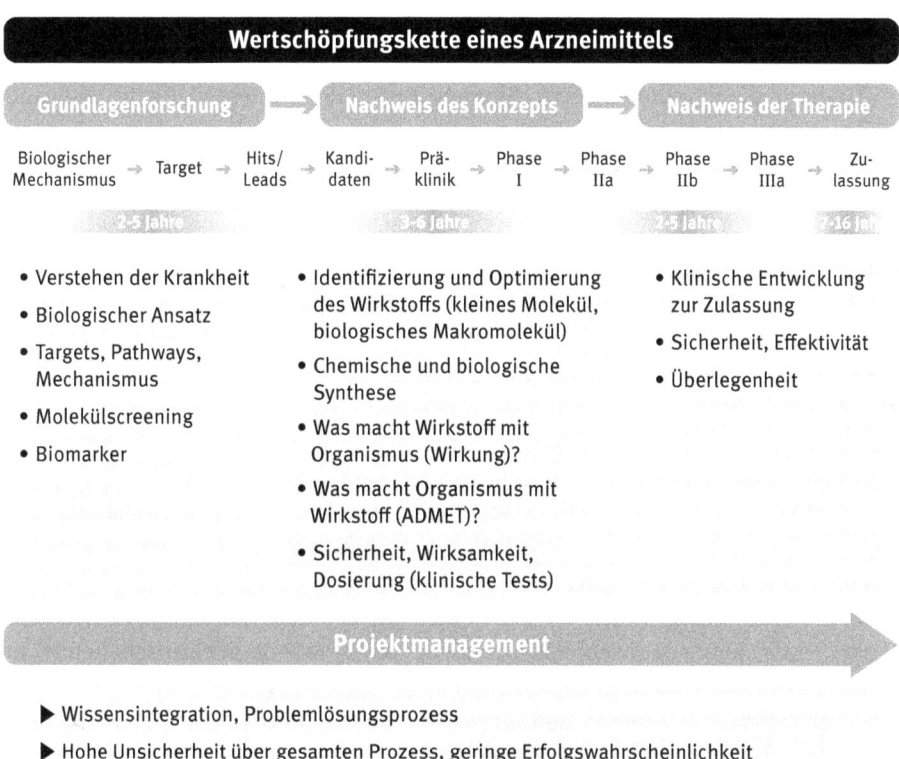

Abb. 5.2: Wertschöpfungskette zur Herstellung eines Arzneimittels (Grundprinzipien).

Über die gesamte hier beschriebene Wertschöpfungskette muss eine permanente Wissensintegration erfolgen, die sich an wissenschaftlichen Fragen zu Wirksamkeit und Sicherheit orientiert. Da diesbezüglich in allen Phasen viele offene wissenschaftliche Fragen bestehen, die unter Umständen nicht gelöst werden können, und da die Phasen aufeinander aufbauen, ist in allen Stadien das vollständige Scheitern eines Forschungsprojektes und Entwicklungsprozesses möglich. In der Pharmaindustrie gehört das zum Alltag. So liegt z. B. die Erfolgsrate in Phase I, die nur einen kleinen Abschnitt der gesamten Wertschöpfungskette repräsentiert, bei unter 10 %. Auch in den oft langfristigen klinischen Studien der Phasen IIa, IIb und IIIa am Ende der Wertschöpfungskette liegt sie jeweils unter 50 %. Dies illustriert eindrucksvoll das

Risiko eines Scheiterns auch in fortgeschrittenen Stadien, wobei sich das Gesamtrisiko mit steigendem Anspruch auf Innovation und neue Produktqualitäten erhöht. Das Endprodukt ist dann erst erfolgreich, wenn es seinen therapeutischen Nutzen unter Beweis gestellt hat und auch von den Gesundheitssystemen als erstattungsfähig anerkannt ist.

Die fundamentalen Unterschiede einer auf modularen bzw. integrierten Wertschöpfungsketten basierenden Produktentwicklung führen natürlich auch zu Unterschieden im Management entsprechender Unternehmen.

Da im Falle integrierter Wertschöpfungsketten der wissenschaftliche Aufwand im Forschungs- und Entwicklungsprozess sehr hoch und Wissensintegration in allen aufeinander aufbauenden Phasen notwendig ist, unterscheiden sich die Anforderungen an Forschungs- und Entwicklungsmanagement, etwa bezüglich Kommunikation, zeitlicher Abstimmung und Personaleinsatz, in mehrfacher Hinsicht von den Gegebenheiten bei einem auf modularer Wertschöpfung gründenden Unternehmen.

Um diesen Anforderungen zu genügen wird in vielen Unternehmen mit integrierter Wertschöpfung in Teams entlang der Wertschöpfungsketten gearbeitet (siehe hierzu auch Kapitel 7). Eine dabei immer wieder kontrovers diskutierte Frage betrifft die Einbeziehung des Marketing-Managements in die frühe Phase des Forschungs- und Entwicklungsprozesses und seine entsprechende Repräsentanz in Teams. Die Mitglieder der Forschungs- und Entwicklungsabteilungen stehen einer solchen Einbeziehung aus verschiedenen Gründen häufig reserviert gegenüber. Zum einen besteht Skepsis gegenüber einer Bewertung von Marktchancen zu einem Zeitpunkt, zu dem das erst in späten klinischen Studien genauer zu definierende Potential und Wirkungsspektrum eines Produkts noch gar nicht fest steht. Dies geht mit der Befürchtung einher, dass Produktentwicklungen abgebrochen werden, wenn die Produkteigenschaften nicht exakt mit den vom Marketing-Management vorgegebenen Profilen übereinstimmen. Hierdurch würden wiederum die Chancen für Zufallsentdeckungen („Serendipity") gemindert, die bei Produktentwicklungen häufig eine wichtige Rolle spielen.

Der im Hintergrund stehende Konflikt, der sich aus der langfristigen Perspektive von Forschungskonzepten und -hypothesen einerseits, und den zwangsläufig auf kurzfristigen Markterfolg ausgerichteten Marketingbemühungen andererseits ergibt, kann auch in diesem Buch nicht aufgelöst werden. Aufgrund eigener Erfahrung möchte der Autor aber mit großem Nachdruck zu einer frühzeitigen Einbeziehung der Marketingbereiche raten, denn nur so kann sich gegenseitiges Verständnis für die unterschiedlichen Standpunkte und Zielsetzungen entwickeln (siehe dazu auch Kapitel 13.2).

Bei den marktnäheren modularen Wertschöpfungsketten, die sich im Allgemeinen durch wesentlich kürzere Entwicklungszeiten und im Grundsätzlichen bereits gelösten Forschungsfragen auszeichnen, stellen sich die vorausgehend diskutierten Fragen nicht. Die Einbeziehung aller wesentlichen Funktionen, wie beispielsweise Forschung, Entwicklung, Produktion, Vertrieb und Marketing, in frühe Entwicklungsphasen und ihre adäquate Repräsentanz in Projektteams ist in diesem Falle eine nahe liegende Selbstverständlichkeit. Anders als üblicherweise bei integrierten Wertschöpfungsketten, empfiehlt es sich hier, bereits in sehr frühen Stadien, möglicherweise schon bei der Projektentscheidung, eine klare und auf der eingehende Analyse von Kundenwünschen bzw. Anwenderbedürfnissen gründende „Produktvision" zu entwickeln, da die optimale Wahl von Gestaltungsalternativen absolut erfolgskritisch ist.

Organisation von Wertschöpfungs- und Arbeitsprozessen

Ein weiterer, mit integrierten bzw. modularen Wertschöpfungsketten verbundener Unterschied besteht im Hinblick auf Möglichkeiten, Teile der Wertschöpfungsprozesse unternehmensintern durchzuführen oder in Interaktion mit Kooperationspartnern teilweise oder komplett nach außen abzugeben. Auch bezüglich der Einschaltung von Zulieferern bestehen erheblich unterschiedliche Möglichkeiten. Daraus ergeben sich wiederum Unterschiede, die die Anforderungsprofile für benötigtes Personal, den Einsatz erforderlicher Technologien sowie Entscheidungs- und Priorisierungsprozesse betreffen. Bei global operierenden Unternehmen stellt sich zusätzlich die Frage, an welchen Standorten in der Welt welche Aktivitäten erfolgen sollen.

Je nach gewählter Strategie kann dies zu erheblichen Unterschieden im Organisationsbedarf von Unternehmen führen. Daher muss nach einer Entscheidung zur Strategie der Wertschöpfung der erforderliche Aufbau einer adäquaten Organisation angegangen werden.

Ohne den folgenden Kapiteln vorzugreifen sei hier schon darauf hingewiesen, dass die Gestaltung bzw. Umgestaltung von Organisationsstrukturen eines Unternehmens ein komplexes Thema ist, das seinerseits wiederum höchste Anforderungen an das Management auf allen Ebenen stellt.

Würde man die Organisation auf der „grünen Wiese" neu konzipieren, würde man sie konsequent am aktuellen Wertschöpfungsprozess des Unternehmens ausrichten, aus dem sich idealerweise alle Management- und Führungsstrukturen herleiten sollten.

In der Realität wird man es üblicherweise aber mit der Umorganisation bereits bestehender Strukturen zu tun haben, also ständigen Optimierungs- und Anpassungsprozessen mit dem Ziel, dadurch langfristig die Wettbewerbsfähigkeit des Unternehmens zu erhalten.

Diesen für das Unternehmen „lebenswichtigen" Maßnahmen stehen in der Praxis allerdings große Hindernisse entgegen, die zum einen in der gewachsenen Struktur und Tradition, zum anderen in wichtigen und positiv besetzten Inhalten der zunächst vorgegebenen Organigramme begründet liegen.

Der erstgenannte Faktor stellt insbesondere bei großen global operierenden Unternehmen mit langer Tradition eine erhebliche Hürde dar. Große Organisationen scheinen oft ein Eigenleben entwickelt zu haben. Vielfach sind die Organisationsstrukturen solcher Unternehmen (siehe auch Kapitel 6) das Ergebnis einer Vielzahl langfristiger Entwicklungen, die nicht unbeeinflusst von politischen Kompromissen, Machtspielen und verschiedenen Stakeholderinteressen geblieben sind. In den meisten Fällen ging es dabei primär um Positionen und Macht. Viele Unternehmensbeispiele haben gezeigt, dass sich damit einhergehend gewaltige Bürokratien und Hierarchien entwickelt haben, die innovative Ideen eher unterdrücken als fördern. Die Organisationsstrukturen sind zum Maß aller Dinge geworden und werden überhöht, die Firmen sind zu „Gefangenen" ihrer eigenen Organisation geworden. Der Ausdruck „Resistance to Change" ist jedem bekannt, der den Versuch unternommen hat, etwas an der Organisation solcher Unternehmen zu ändern. Nicht ohne Grund wird in diesen Zusammenhängen häufig von „Dinosauriern" gesprochen.

Der Einsteiger wird daher in großen Unternehmen eher mit scheinbar unumstößlichen Organigrammen (Kapitel 6) als mit Prozessen konfrontiert werden und die Bürokratie erschreckend finden. Er sollte sich in diesem Zusammenhang allerdings bewusst machen, dass Organigramme, wie kritisch man sie im Hinblick auf organisatorischen Umstrukturierungsbedarf auch sehen mag, auch positive Funktion erfüllen. Sie sind wichtig und prägend für die Kultur eines Unternehmens. Sie geben „Heimat" und stehen für viele Mitarbeiter und Führungskräfte an allererster Stelle, weil sie Status, Position und Macht wiedergeben und zugleich ein Gefühl der Stabilität vermitteln. Organigramme sind zudem leicht zu zeichnen und zu fassen, Prozesse sind schwierig darzustellen. Die klarsten und eindeutigsten Organigramme findet man bei Behörden und Ministerien. Dort gibt es allerdings keine Wertschöpfungsketten.

Neben diesen, eher die Unternehmenskultur betreffenden Aspekten, erfüllen Organigramme aber auch eine wichtige funktionale Rolle mit z. T. juristischer Relevanz. Dies betrifft z. B. die Pflichtendelegation. Organigramme weisen die Zuordnung von Pflichten und Verantwortungen eindeutig aus, beispielsweise im Bereich der Sicherheit. Pflichtendelegationen müssen regelmäßig überprüft und Organigramme ggf. entsprechend revidiert werden.

Organigramme bilden zudem eine wichtige Grundlage für die Diskussion mit dem Betriebsrat bei geplanten Umorganisationen. Entsprechende Vorhaben müssen gegenüber dem Betriebsrat gerechtfertigt werden. Wie in Deutschland durch das Betriebsverfassungsgesetz eindeutig gefordert, muss dabei klar vermittelt werden, wie sich quasi die Positionen des „alten" Organigramms im „neuen" darstellen, was wegfallen und was dazukommen soll.

Zusammenfassend soll noch einmal festgestellt werden, dass für ein Unternehmen die Wertschöpfungsketten die Basis des Geschäftserfolgs sind und insofern den Kern aller Organisationsstrukturen darstellen, die wiederum zu unternehmenstypischen Unterscheidungsmerkmalen und Charakteristika führen. Laufende Anpassungen der Organisationsstrukturen an sich verändernde Wertschöpfungsprozesse sind unumgänglich und stellen, auch wegen der beschriebenen Hindernisse, eine zentrale Herausforderung für das Unternehmensmanagement dar.

6. Organigramme, Organisationsmodelle und Positionsbezeichnungen

Organigramme

Im vorausgegangenen Kapitel wurde bereits in groben Zügen darauf hingewiesen, welche Bedeutung Organigrammen in Unternehmen zukommt.

Ihr wesentlicher Zweck ist es, die gesamte Organisation in einer Weise abzubilden, die die Position und Funktion der Mitarbeiter, einschließlich ihrer Kompetenz und Verantwortung, ausweist, die Unterstellungsverhältnisse zum Ausdruck bringt und die Pflichtendelegation eindeutig festhält. Organigramme leisten somit einen wichtigen Beitrag zur Unternehmenskultur, indem sie den Mitarbeitern „Heimat" und „Stabilität" vermitteln und zugleich Machtverhältnisse und Einflussmöglichkeiten widerspiegeln. Sie spielen anderseits eine wichtige funktionale Rolle, die neben gesetzlich geregelten Diskussionen mit dem Betriebsrat bei Umstrukturierungsmaßnamen und der Pflichtendelegation auch den wichtigen Punkt der Stellenbeschreibung umfasst. In guten Unternehmen werden diese Funktionen durch Management- oder Organi-

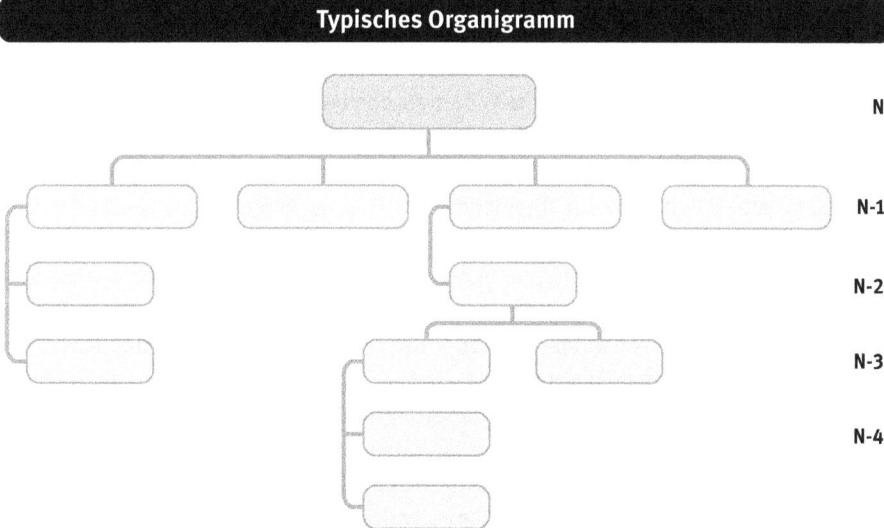

Abb. 6.1: Typisches Organigramm. Die verschiedenen Ebenen der organisatorischen Hierarchie werden je nach Unterstellungsgrad mit N, N-1, N-2 usw. bezeichnet. Die Linien repräsentieren die unmittelbaren fachlichen und disziplinarischen Unterstellungsverhältnisse sowie die Berichtslinien und illustrieren zudem die Verantwortlichkeiten für die erfassten Funktionseinheiten. Die Kästchenelemente beinhalten üblicherweise Angaben zu den einzelnen Organisationseinheiten wie Bereiche, Standorte, Abteilungen, Gruppen. Zusätzlich können auch die jeweils verantwortlichen Personen genannt sein.

sationshandbücher unterstützt. Zur Klarheit trägt meist auch eine sogenannte Entscheidungsmatrix bei, in der festgelegt ist, in welchen Gremien Entscheidungen zu diskutieren sind, wer welche Entscheidungen zu treffen und ggf. zu genehmigen hat und wer informiert werden muss (siehe hierzu auch Kapitel 10). Trotz unzweifelhafter Herausforderungen, etwa im Zusammenhang mit raschen organisatorischen Anpassungen an Wertschöpfungsprozesse (siehe Kapitel 5) oder bei der Abbildung von Unternehmensprozessen, die in Teamarbeit vorangetrieben werden, stellen „starre" Organigramme aufgrund ihrer beschriebenen positiven Funktionen nach wie vor ein weltweit bedeutendes Hilfsmittel der Unternehmensorganisation dar.

Führungskräfte müssen daher Organigramme verstehen und damit umgehen können, so wie sie die verschiedenen Geschäfts- und Entscheidungsprozesse verstehen müssen.

Im Folgenden soll daher die Darstellungsweise von Organigrammen kurz erläutert und durch eine Zusammenfassung der im Unternehmensbereich vorherrschenden Organisationsprinzipien ergänzt werden.

Abbildung 6.1 zeigt ein „traditionelles" Organigramm und erläutert typische Elemente einer derartigen Darstellung.

Eine weit verbreitete, flexiblere aber auch komplexere Organisationsform ist die Matrix-Organisation. Sie findet sich in vielen Varianten und kommt insbesondere beim Management von Teamarbeit (Kapitel 7), bei der Integration unterschiedlicher Funktionseinheiten und bei der Koordination globaler und lokaler Managementaufgaben zum Tragen.

Das in Abbildung 6.2 dargestellte Organigramm bezieht sich dabei konkret auf die Koordination globaler und lokaler Managementfunktionen durch Matrix-Management bei der Durchführung von Projekten an verschiedenen Unternehmensstandorten. Für alle wesentlichen Funktionsbereiche eines Unternehmens, wie etwa Forschung und Entwicklung, Produktion oder Vertrieb, gibt es einen global hauptverantwortlichen Leiter, dem jeweils die entsprechenden Leiter an Einzelstandorten untergeordnet sind. Zugleich gibt es aber auch ein hauptverantwortliches Management für die lokalen und möglicherweise im Rahmen juristisch eigenständiger Einheiten betriebenen Unternehmensaktivitäten (Landeschefs A, B und C in Abbildung 6.2). Durch die über das Matrix-Management etablierten Berichtslinien wird sichergestellt, dass Maßnahmen, die in Verantwortung der globalen Organisation beschlossen werden (z. B. Aufnahme neuer Großprojekte, Einführung neuer Technologien, Investitionen oder Personalaufbau bzw. -abbau) in Verantwortung der Landesorganisationen entsprechend den lokalen Anforderungen und Gegebenheiten umgesetzt werden.

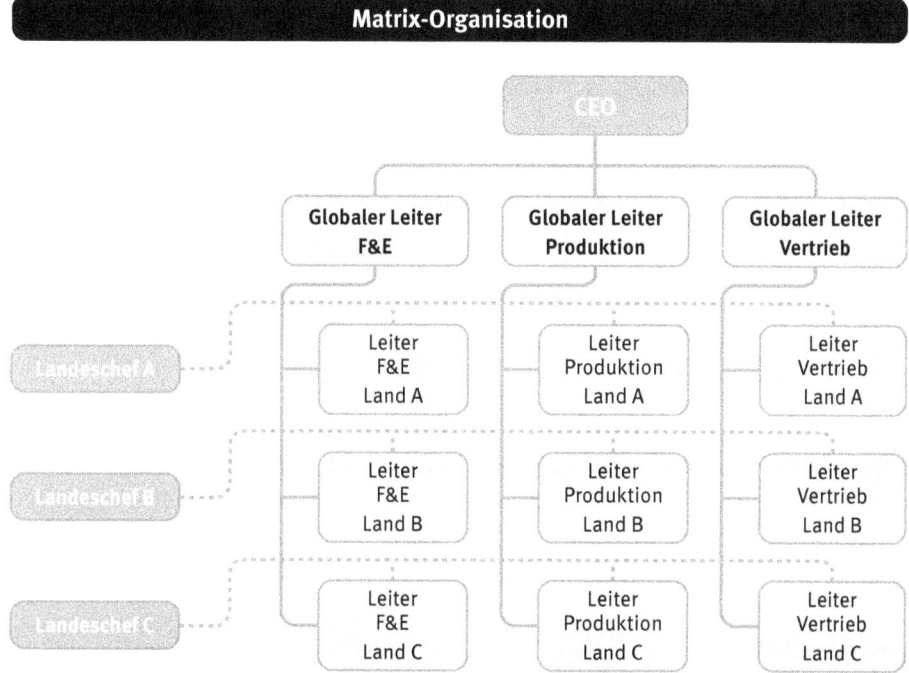

Abb. 6.2: Organigramm einer Matrix-Organisation. Diese in verschiedenen Zusammenhängen besonders hilfreiche Organisationsform unterscheidet sich von traditionellen Organisationstypen u. a. durch das Vorhandensein von zwei Arten von Berichtslinien („Reporting Lines"), die durch durchgezogene bzw. gestrichelte Linien dargestellt sind. Durchgezogene Linien haben dieselbe Bedeutung wie in Abbildung 6.1. Sie repräsentieren direkte fachlich-disziplinarische Unterstellungsverhältnisse („Chef-Mitarbeiter"-Beziehungen) und entsprechende Berichtslinien. Gestrichelte Linien repräsentieren koordinierende, administrative und legale Zuständigkeiten ohne festgelegtes Chef-Mitarbeiter-Verhältnis.

Organisationsmodelle

Es kann keine ideale Organisation geben. Die Art der Organisation sollte sich theoretisch aus dem Wertschöpfungsprozess und der Unternehmensstrategie ableiten. Darüber hinaus gibt es aber eine Fülle anderer und z. T. bereits angesprochener Faktoren, die auf die Ausgestaltung der Organisation Einfluss nehmen. Diese reichen bis hin zu den Vorlieben des CEO und des Topmanagements, die letztlich für den Unternehmensaufbau verantwortlich sind.

Weltweit gilt, die Organisation stellt den Aufbau des Unternehmens dar. Realistischerweise muss aber gesagt werden, dass sie in der Praxis eher eine Art Rahmenstruktur darstellt, innerhalb derer durchaus Raum für notwendige Flexibilität und Kreativität besteht. Wer nämlich begriffen hat, dass „Organizational Excellence", „Learning Organization" und Prozessoptimierung, verbunden mit einer guten Unternehmenskultur, Erfolgsfaktoren sind, wird daraus einen Wettbewerbsvorteil generieren können und sich von den Konkurrenten unterscheiden. Es braucht daher keinen Schiedsrichter, der über „Organizational Excellence" und „Best Business Practice" entscheidet. Letztendlich ist der Erfolg des Unternehmens am Markt ausschlaggebend.

Da alle Organisationen gewisse Widersprüche und Ambiguitäten beinhalten, gehören Diskussionen zur Organisation selbst zu den Dauerthemen. Dass das Feld einen idealen Markt für Consultants öffnet, versteht sich von selbst. Ob Hinweise auf immer vorhandene organisatorische Schwachstellen und Widersprüche und damit verbundene Dauerdiskussionen allerdings hilfreich und zielführend sind, sei dahingestellt.

Wer es versteht, die Organisation als Chance zu sehen, hat jedenfalls einen Wettbewerbsvorteil. In seinem Buch „Extreme Management" [27] spricht Mark Stevens dementsprechend von „the power of organizational strategy" und beschreibt dabei vier Grundtypen von Unternehmensorganisation: Funktionale Organisation, Divisionale Organisation, Matrix-Organisation und Netzwerk-Organisation. Diese Organisationsmodelle sind in Abbildung 6.3 grafisch nebeneinander gestellt und werden im Folgenden im Einzelnen beschrieben.

Funktionale Organisation
Forschung, Entwicklung, Produktion und Verkauf & Marketing bilden jeweils eine eigene Funktionseinheit mit einem eigenem Organigramm und einem Chef an der Spitze. Die Chefs dieser Funktionseinheiten berichten dem CEO der Firma. Diese Organisationsform kann bei international aufgestellten Unternehmen weltweite Reichweite haben. Sie bewährt sich aber besonders bei kleineren Unternehmen in stabilem Umfeld, sofern eine Koordination zwischen den Funktionseinheiten nicht erfolgskritisch ist.

Divisionale Organisation
In diesem Modell sind die verschiedenen Aktivitäten, die in der funktionalen Organisation die Grundlage der Funktionseinheiten bilden, auf Divisionen aufgeteilt. Eine solche Division könnte beispielsweise ein wichtiger Geschäftsbereich eines globalen Unternehmens sein. Die Divisionen haben somit alle Funktionen unter sich, die sie zur Ausübung ihres Geschäfts brauchen, d. h. jeweils eigene auf ihren Geschäftsbereich zugeschnittene Forschungs-, Entwicklungs-, Produktions- sowie Verkaufs- und Marketing-Abteilungen. Das gibt ihnen die Möglichkeit, rasch auf spezifische Änderungen des Umfeldes zu reagieren. Das Topmanagement des Unternehmens (CEO und „Executive Board") ist bei dieser Organisationsform nicht mit dem Tagesgeschäft der einzelnen Divisionen befasst, sondern führt primär durch Entwicklung langfristig orientierter Strategien und Ressourcenzuordnung entsprechend dem Erfolg bestehender oder dem Bedarf neuer Divisionen.
Bei allen Stärken dieser Organisationsform erkennt man erkennt man aber auch sofort, dass ein unternehmensweiter Koordinationsbedarf zwischen den Abteilungen

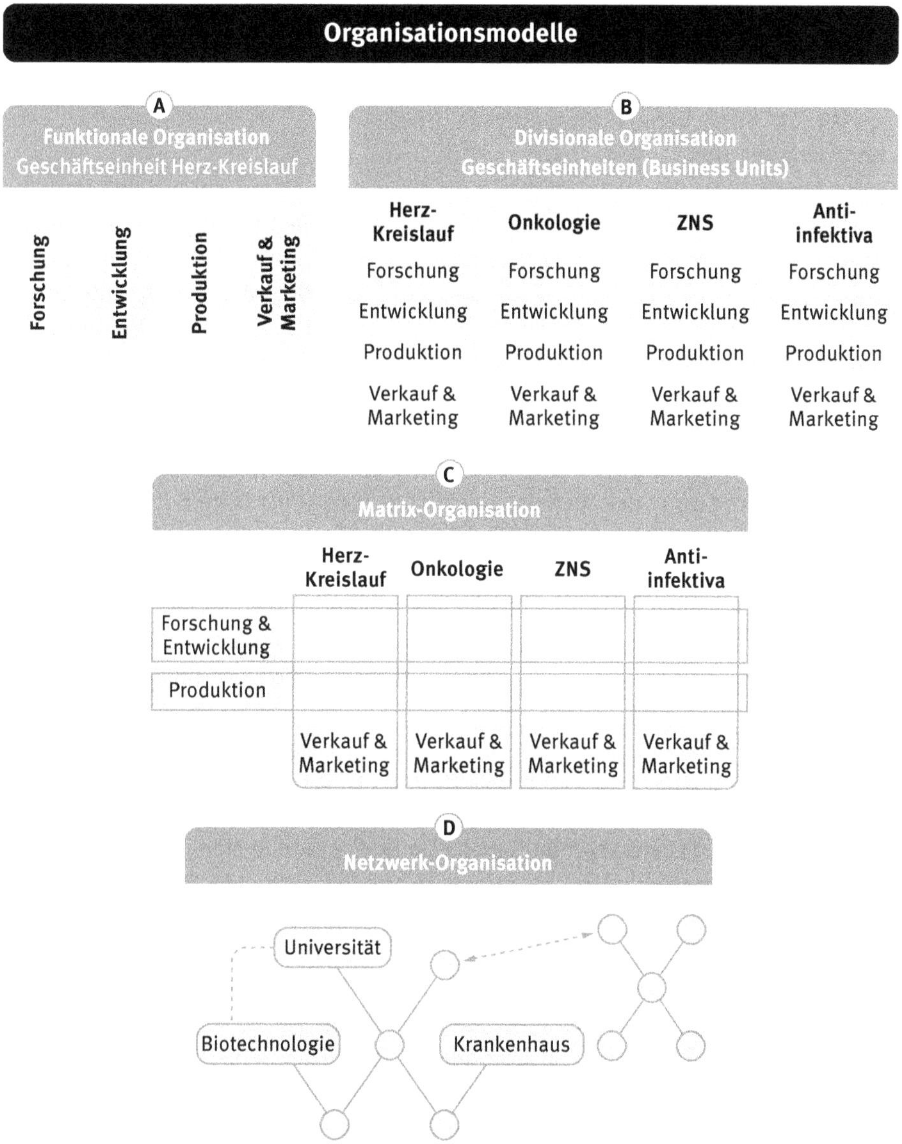

Organisationsmodelle

A — Funktionale Organisation
Geschäftseinheit Herz-Kreislauf

- Forschung
- Entwicklung
- Produktion
- Verkauf & Marketing

B — Divisionale Organisation
Geschäftseinheiten (Business Units)

Herz-Kreislauf	Onkologie	ZNS	Anti-infektiva
Forschung	Forschung	Forschung	Forschung
Entwicklung	Entwicklung	Entwicklung	Entwicklung
Produktion	Produktion	Produktion	Produktion
Verkauf & Marketing	Verkauf & Marketing	Verkauf & Marketing	Verkauf & Marketing

C — Matrix-Organisation

	Herz-Kreislauf	Onkologie	ZNS	Anti-infektiva
Forschung & Entwicklung				
Produktion				
	Verkauf & Marketing	Verkauf & Marketing	Verkauf & Marketing	Verkauf & Marketing

D — Netzwerk-Organisation

Universität — Biotechnologie — Krankenhaus (verbunden über Hub/Netzknoten)

Abb. 6.3: Organisationsmodelle nach Mark Stevens [27] am Beispiel Pharma. In der funktionalen Organisation stehen vier Fachabteilungen einer im gewählten Beispiel mit Herz-Kreislauf-Erkrankungen befassten Geschäftseinheit („Business Unit") gleichrangig nebeneinander. In der divisionalen Organisation sind sämtliche der genannten Fachabteilungen jeweils unterschiedlichen Geschäftseinheiten untergeordnet, die ihrerseits den gleichen Rang in der Unternehmenshierarchie einnehmen. In der Matrix-Organisation (siehe auch Abbildung 6.2) stellen Forschung und Entwicklung sowie Produktion eigenständige und global verantwortliche Funktionen dar, während Verkauf und Marketing den einzelnen Geschäftseinheiten direkt zugeordnet sind. Die Netzwerk-Organisation verknüpft lediglich die einzelnen Aktivitäten für ein bestimmtes Projekt über einen Netzknoten bzw. „Hub".

verschiedener Division besteht, um unabgestimmte Verdoppelungen von Aktivitäten zu vermeiden und Synergien zu nutzen, und dass in diesem Koordinationsbedarf eine Schwachstelle bestehen kann.

Matrix-Organisation
Dieser bereits über konkrete Beispiele beschriebenen Organisationsform liegt die allgemeine Idee zu Grunde, die Stärken der funktionalen Organisation mit denen der divisionalen Organisation zu vereinen und eine Antwort auf die prinzipiellen Schwächen der beiden ersten Modelle zu geben. Dieser Organisationstyp unterstützt, wie oben erwähnt, in besonderem Maße die Integration komplexer Managementvorgänge, wobei eine zentral koordiniertes Berichtswesen, das sämtliche relevanten Funktionseinheiten und Divisionen einschließt (siehe unterschiedlich dargestellte Berichtslinien in Abbildung 6.2) eine wesentliche Rolle spielt.

Der Hauptgewinn dieses Verfahrens besteht im Entfall kommunikativer Schnittstellen und in der Zusammenführung der für das Projekt benötigten Expertise unterschiedlicher Bereiche bei gleichzeitiger Aufrechterhaltung divisionaler Autonomie mit all ihren Vorteilen. Ein fähiges „Upper-Management" versteht es, die Stärken dieses Organisationsmodells, das vernünftige Abstimmungsprozesse zwischen Einzelbeteiligten natürlich nicht entbehrlich macht, zu nutzen und mit anderen, dem Erreichen der Jahresziele dienenden Unternehmensvorgängen zu synchronisieren.

Netzwerk-Organisation
Im Zeitalter des Internets und der Globalisierung ist dieses noch in der praktischen Erprobung stehende Organisationsmodell das interessanteste, da es völlig neue organisatorische Perspektiven eröffnet (bereits im Buch „Extrem Management" [27], das noch vor dem Internetzeitalter entstand, wird auf diesbezügliche Möglichkeiten hingewiesen, die heute in vielen Bereichen den Alltag bestimmen). Netzwerkorganisationen zeichnen sich durch eine hohe Variabilität aus. Sie bestehen aus relativ kleinen semiautonomen Gruppen, die sich für eine bestimmte Zeit mit anderen Gruppen zu einem Team zusammenschließen, um ein bestimmtes Ziel zu erreichen. Die Projektleitung ergibt sich in diesem Fall eher aus der fachlichen Expertise und den beigesteuerten Ressourcen, als aus einer formal definierten hierarchischen Position.

Diese Organisationsform hat den Vorteil, dass je nach Bedarf auch weitere Partner, externe Dienstleister oder Kunden in solche Gruppierungen aufgenommen oder auch wieder von ihnen separiert werden können. Solche Gebilde sind daher sehr anpassungsfähig und reaktionsschnell und können zudem kurzfristig quasi „rückstandslos" wieder aufgelöst werden. Für Personen, die in stabilen Organisationen zuhause sind und in klaren Organigrammen denken, ist dies sicher ein Albtraum. Es ist aber überhaupt keine Frage, dass dieses Organisationsmodell an vielen Stellen bereits Realität geworden ist und sich ständig weiter ausbreitet. Da noch zu wenige Erfahrungen aus der Praxis vorliegen, sind Bewertungen dieses Organisationsmodells derzeit allerdings höchstens punktuell möglich, allgemeine Aussagen lassen sich noch nicht treffen. In jedem Fall handelt es sich um eine spannende Entwicklung.

So hilfreich und interessant die vorgestellten Organisationsmodelle auch sein mögen, so sehr sollte man sich auch bewusst sein, dass bestehende Organisationen nicht in Stein gemeißelt sind und starr bleiben können. Sie sind kein Naturgesetz, sondern Mittel zum Zweck. Führungskräfte und das gesamte Management sind kontinuierlich angehalten, diejenige Organisation zu entwickeln, mit der sich die Unternehmensziele am besten erreichen lassen. Eine Organisation muss daher fähig sein, aus ihren Erfolgen und Misserfolgen zu lernen. Die Begriffe „Learning Organization" und „Organizational Excellence" sollten deshalb in einem Unternehmen keine Worthülsen sein. Eine „Best in Class Organization" schafft einen dauerhaften Wettbewerbsvorteil. Es gehört daher zum Anforderungsprofil und den wesentlichen Aufgaben von Führungskräften, die verschiedenen Grundmodelle souverän einzusetzen, sie praxisgemäß zu kombinieren und zu variieren und dabei auch mit den Ambiguitäten und offensichtlichen Schwächen jeder neuen Organisation umzugehen. Führungskräfte, die dauerhaft Probleme haben, sich in einer Organisation zurechtzufinden oder in konstruktiver Weise zu deren Weiterentwickelung beizutragen, sollten sie daher verlassen und versuchen, in einem anderen Unternehmen eine ihnen gemäßere Organisationsform zu finden.

Es ist erfolgskritisch, dass Mitarbeiter die Organisation verstehen und die Prozesse und Entscheidungsprinzipien selbstverständlich beherrschen. Nicht ausblenden darf man in diesem Zusammenhang die Tatsache, dass sich Mitarbeiter organisatorische Stabilität wünschen. Deshalb sind Schulungen in dieser Thematik hilfreich, weil sie Unklarheiten und Missverständnisse beseitigen.

Positionsbezeichnungen („Job Titles")

Im Zusammenhang mit Organigrammen und Organisationsmodellen abschließend noch einige Hinweise zum Thema der Positionsbezeichnungen („Job Titles") im Unternehmensbereich. Organigramme, wie in Abbildung 6.1 wiedergegeben, zeigen den hierarchischen Aufbau einer Unternehmensorganisation. Jedem Mitarbeiter lässt sich in dieser Struktur eine spezifische Position zuordnen. Entsprechend kann diese Position auch mit einem bestimmten Titel versehen werden. In der Praxis dominiert dabei weltweit die am amerikanischen Managementsystem orientierte Terminologie.

Dazu ein auf Abbildung 6.1 bezogenes Beispiel: An der Spitze eines international tätigen Unternehmens steht der „President". Dies entspräche dem N-Level. Ihm folgen auf N-1 Niveau die „Executive Vice Presidents" und diesen auf N-2 Ebene die „Senior Vice Presidents". Entsprechend setzt sich die Darstellung der hierarchischen Verhältnisse und Entscheidungsgewalten (der „Lines of Command") weiter fort mit den Positionen „Vice President", „Senior Director", „Director" und gegebenenfalls „Manager" und „Group Leader". Je weiter man in der Hierarchie nach unten geht, desto mehr dominieren fachliche Job-Titel, die die hierarchischen Ebenen nur noch begrenzt wiedergeben.

Werden die genannten, auf die Hierarchieebenen bezogenen Positionsbezeichnungen mit Job-Titeln in Verbindung gebracht, die Aufgaben, Rollen und Kompetenzen beschreiben, so wäre etwa der Titel „President" äquivalent mit dem des „Chief Executive Officer" (CEO). Auf der darunter liegenden Ebene der Execute Vice Presidents wären beispielsweise der „Chief Financial Officer" (CFO) oder, als globaler Leiter von Forschung und Entwicklung, der „Chief Scientific Officer" (CSO) angesiedelt.

Ein „Senior Vice President" könnte etwa der globale Leiter eines fachlichen Großbereichs sein oder der Leiter von Forschung und Entwicklung („Head of Research and Development", R&D) eines Landes mit entsprechend definierter Funktionsbezeichnung. Leiter einzelner Abteilungen innerhalb fachlicher Großbereiche mit entsprechender Funktionsbezeichnung dürften üblicherweise auf den Ebenen „Senior Director" oder „Director" angesiedelt sein.

Die Bezeichnungen sind in dem gewählten Beispiel relativ klar. Insgesamt gibt es jedoch keine einheitliche Terminologie und die Bedeutungen der Titel können in einzelnen Unternehmen und Ländern sehr unterschiedlich sein, so dass zusätzliche Erklärungen notwendig sind, um mit solchen Titeln wirklich etwas anfangen zu können. Einen schönen Überblick über amerikanische Job Titel bietet das Buch von Oluf F. Konstroffer [16], das parallel in Deutsch und Englisch geschrieben ist.

Die Frage, ob solche hierarchischen Bezeichnungen und funktionale Job-Titel wichtig sind und ob man sie auf Visitenkarten und Briefköpfe schreiben soll, kann ohne Zögern mit einem klaren „Ja" beantwortet werden. Es ist im internationalen Geschäft einfach üblich, dass man seine Position und seine Funktion zu erkennen gibt, schließlich wollen Gesprächs- und Geschäftspartner wissen, mit wem sie es zu tun haben und ob man im Unternehmen etwas zu sagen und zu entscheiden hat. Der Ausweis von Titel und Position über die Visitenkarte ist daher von nicht zu unterschätzender Bedeutung und Bestandteil der allgemeinen Unternehmenskultur, zumal darüber auch die Karriere und der Aufstieg auf der sogenannten Managementleiter sichtbar gemacht werden, die sich ansonsten nur im Organigramm abbilden.

Gerade der letztgenannte Punkt führt aber auch zu Schwierigkeiten. Denn wie immer Job-Titel im Einzelnen heißen mögen, sie lassen sich im Prinzip nur zur Darstellung von Managementkarrieren heranziehen, die über die jeweils erreichte hierarchische Stellung und die damit verbundenen Managementaufgaben leicht zu beschreiben sind. Hierdurch entsteht zum einen ein besonders Problem für Projektleiter, denn die Bezeichnung „Projektleiter" (PL) entspricht keiner Position im Organigramm. Dabei kann das Budget eines großen Projektes das Budget einer Fachabteilung um ein Mehrfaches überschreiten und Bedeutung für die Existenz der gesamten Firma haben. Zum anderen schafft dies auch ein Dilemma für Spezialisten mit hoher fachlicher Kompetenz. Um Karriere zu machen, müssten sie eigentlich die Managementlaufbahn wählen, wobei kritisch zu hinterfragen ist, ob das tatsächlich im Interesse des Unternehmens liegt. Im Extremfall würde es einen guten Spezialisten verlieren und einen unglücklichen Manager gewinnen.

Als Ausweg aus diesem Dilemma wurden mittlerweile sogenannte Fachkarrieren geschaffen. Dieses alternative Laufbahnschema – Management- oder Fachkarriere –, das auch als „Dual Career Ladder" bezeichnet wird, wurde in einigen Unternehmen entwickelt, um auch fachliche Leistung und Kompetenz entsprechend zu belohnen. Auf diese Weise können auch Spezialisten in Gehalts- und Bonusklassen von Managern aufsteigen. Kritischer Erfolgsfaktor für das Funktionieren eines solchen Systems ist die Qualität der Auswahlkriterien und des Auswahlprozesses, die den fachlichen Aufstieg bestimmen. Für wissenschaftsbasierte Unternehmen sind solche Laufbahnen heute eigentlich unverzichtbar.

7. Teams

Klar umrissene fachliche Aufgaben werden in Fachabteilungen, wie sie über Organigramme definiert und repräsentiert sind, gut erledigt. Zudem gibt es natürlich auch gut eingespielte Formen der Zusammenarbeit verschiedener Fachabteilungen untereinander auf der Ebene von Experten und Führungskräften, wobei man die in diesem Falle kommunikativ zu überbrückenden Bereichsgrenzen als Schnittstellen bezeichnet. Eine Fülle komplexer Aufgaben, die die Zusammenführung verschiedenster Fachkompetenzen über einen längeren Zeitraum erfordern, lassen sich auf diese Weise jedoch nur bedingt bzw. unzureichend bewältigen. Sie müssen vielmehr in Form von Projekten organisiert und von Teams bearbeitet werden, deren Mitglieder unterschiedlichen Fachabteilungen mit unterschiedlicher Expertise angehören.

Mit der Etablierung von Teams wird die andernfalls komplexe und vorhersehbar zu Komplikationen führende Schnittstellenproblematik, die sich aus dem Zusammenwirken zahlreicher Fachbereiche ergibt, eliminiert (Abbildung 7.1). Das Team selbst repräsentiert die Schnittstelle aller benötigten Fachabteilungen und erleichtert hierdurch in besonderem Maße auch die internationale Zusammenarbeit über verschiedene Standorte hinweg.

Teams sind daher die international bewährtesten Einheiten, um in einem bestimmten Zeitrahmen komplexe Vorhaben zu realisieren. Aufgaben und Zielsetzungen können dabei breit gefächert sein. Im Forschungs- und Entwicklungsbereich repräsentieren sie beispielsweise Einheiten der Innovation, die unterschiedliche Projekte entlang der Wertschöpfungskette (Kapitel 5) vorantreiben. Teams können aber auch mit ganz anderen Aufgaben betraut sein, etwa der Ausarbeitung von Optionen und Entwicklung von neuen Konzepten und Strategien in verschiedensten Zusammenhängen, der Auseinandersetzung mit Integrationsfragen und Implementierung neuer Organisationsstrukturen bei Mergern und Akquisitionen oder der raschen Bewältigung akuter Krisen.

Im Unterschied zu den vergleichsweise fest gefügten und in definierten hierarchischen Beziehungen zueinander stehenden Abteilungen und Gruppen eines Unternehmens, wie sie sich im Organigramm abbilden, sind Etablierung und Struktur von Teams variabel. Teams werden auf Zeit geschaffen und zur Bewältigung einer bestimmten Aufgabe eingesetzt. Anschließend können sie „rückstandsfrei" aufgelöst werden, weil die Teammitglieder jeweils in ihren Fachabteilungen beheimatet sind und dahin „zurückkehren". Weder Schaffung noch Auflösung von Teams sind daher mit einer Änderung der Grundorganisation des Unternehmens verbunden. Teams tauchen dementsprechend in Organigrammen nicht auf.

Der herausragenden Bedeutung von Teamarbeit und Teamfähigkeit in der Wirtschaft steht eine diesbezüglich weitgehend mangelnde, jedenfalls ohne jede Systematik betriebene Ausbildung im akademischen Bereich gegenüber. Zwar spielen auch dort Kooperationen und Netzwerke eine wesentliche Rolle und natürlich werden auch die Forschungsergebnisse mehrerer Mitarbeiter, wo es sich anbietet, in gemeinschaftlichen Publikationen zusammengefasst. Dennoch stellen Teamarbeit und Teamfähigkeit in der akademischen Welt keine Werte dar, die per se als karriererelevant und insofern der spezifischen Förderung würdig erachtet werden. Im Gegenteil, das Wissenschaftssystem belohnt letztendlich keine Teams, sondern nur den „einsamen Wolf", den Erst- und Letztautor auf Publikationen. Jeder Wissenschaftler verfolgt insofern seine höchst eigene Agenda, um Erfolg zu haben. Warum sollte er sich also in ein Team einordnen und, noch wichtiger, einem gemeinsamen Ziel unterordnen?

So kann man in einem Unternehmen allerdings nicht erfolgreich arbeiten. Hier geht es um das Erreichen gemeinsamer Ziele in gemeinsamer Anstrengung und unter optimaler Nutzung der Kenntnisse und Fähigkeiten aller daran beteiligten Mitarbeiter. Es gilt somit die Agenda des Teams.

Teamarbeit besitzt daher in Unternehmen einen hohen Stellenwert und muss dementspechend auch eingeübt werden, wenn sie erfolgreich sein soll. Der Berufseinsteiger sollte sich bewusst sein, dass er als Führungskraft sehr schnell auf zwei Ebenen mit Teamfragen konfrontiert sein kann: Auf übergeordneter Ebene, in Entscheidungskomitees, mit der Einsetzung und Steuerung neuer Teams, und/oder auf Teamebene selbst, als Teamleiter oder Mitglied eines Teams zur praktischen Umsetzung eines Projekts. Wesentliche Aufgaben auf beiden Ebenen des Teammanagements werden im Folgenden zusammenfassend beschrieben.

Formierung und Einsetzung neuer Teams

Der Formierung von Teams zur Bewältigung komplexerer Aufgaben geht grundsätzlich die Entscheidung zur Realisierung des entsprechenden Projekts voraus. Diese Entscheidung wird üblicherweise von einem Entscheidungsgremium, das sich aus Mitgliedern des Topmanagements und Fachexperten zusammensetzt und verschiedene Kriterien bewertet, wie sie insbesondere in Kapitel 10 ausführlicher erörtert werden.

Üblicherweise wird im Falle einer positiven Entscheidung auch der Leiter des Teams bestimmt, das zur Projektverwirklichung gebildet werden soll. Er gehört im Allgemeinen einer Fachabteilung an. Zudem ist grundsätzlich darüber zu entscheiden, welche Unternehmensfunktionen im Team jeweils zusammengeführt werden sollen. Hierbei können sich wesentliche Unterschiede aus den die Unternehmensaktivitäten bestimmenden Wertschöpfungsketten, aber auch aus den jeweiligen Zielen der Teamarbeit ergeben. Mit Produktentwicklung befasste Teams, die, wie etwa bei der Arzneimittelentwicklung, entlang einer integrierten Wertschöpfungskette arbeiten, dürften sich hauptsächlich aus Mitgliedern der Forschungs- und Entwicklungsbereiche zusammensetzen, wobei hier durchaus auch zu einer frühzeitigen Einbeziehung der Marketingbereiche zu raten ist (siehe Kapitel 5). In ein Team, das auf Basis einer modularen Wertschöpfungskette arbeitet, müssen dagegen von vornherein auf wesentlich breiterer Basis weitere Funktionsbereiche, wie Marketing, Vertrieb und

Produktion, und gegebenenfalls auch Kooperationspartner einbezogen werden. Nur so kann sichergestellt werden, dass eine frühzeitige Ausrichtung auf eine optimal auf den Kunden- bzw. Marktbedarf zugeschnittenen Produktgenerierung erfolgt, der bei modularen Wertschöpfungsketten besondere Bedeutung zukommt, wie auch in Kapitel 7 ausführlicher angesprochen. Dass Teams mit anderen Zielsetzungen, wie beispielsweise der Organisationsentwicklung, einer anderen Zusammensetzung bedürfen, die etwa auch administrative Abteilungen und gegebenenfalls Consultants einschließt, bedarf keiner ausführlicheren Erwähnung.

In der Regel wird ein großes mit Projektentwicklung betrautes Team von einem Lenkungsausschuss („Steering Committee") begleitet, dem Mitglieder des Topmanagements und Fachexperten angehören können. Solche Steering Committees können im Rahmen des Portfolio-Managements für mehrere Teams, die mit Projekten des Portfolios befasst sind, zuständig sein. Dies kann die Bewältigung verschiedener Aufgaben, die in Zusammenhang mit der Einsetzung und Formierung von Teams durch das übergeordnete Management zu erledigen sind, erheblich erleichtern.

Zunächst muss im Rahmen der Priorisierung des gesamten abteilungs- und funktionsübergreifenden Projektportfolios für eine klare Einordnung des neuen Projekts und für adäquate Ressourcenallokation gesorgt werden. Diese Art von Portfolio- und Ressourcen-Management ist alles andere als eine Trivialität, da ein unternehmensweiter Überblick über die verschiedenen aktuellen Prozesse und die grundsätzlich sowie in akuten Bedarfsfällen zur Verfügung stehende Ressourcen gefordert ist.

Im Hinblick auf die Projektpriorisierung muss die Integration neuer Projekte in Einklang mit den Jahreszielen des Unternehmens stehen. Zudem müssen die Pläne zur Projektrealisierung durch entsprechende Teams mit den allgemeinen Aufgaben und Zielsetzungen der Fachabteilungen kompatibel sein. Dies ist von vornherein sicher zu stellen, da der Teamleiter selbst in der Regel keine Weisungsbefugnis gegenüber den Leitern der Fachabteilungen hat.

Für die Ressourcenallokation ist die Ausarbeitung eines Projektplans mit Beschreibung des zeitlichen Verlaufs, wesentlicher Zwischenziele („Milestones") und des geschätzten personellen Bedarfs in den jeweiligen Phasen erforderlich. Es ist die Aufgabe des Teams, entsprechende Milestone-Pläne auszuarbeiten. Das übergeordnete Management ist wiederum gefordert, das Erreichen dieser Milestones durch optimiertem Ressourceneinsatz zu unterstützen. Nach Freigabe angemessener Ressourcen sollten diese dann aber dem Team bis zur Erreichung des jeweils nächsten definierten Milestones zustehen. Bei der Ressourcenplanung und -allokation sollte zudem sichergestellt sein, dass rechtzeitig und proaktiv auf Engpässe reagiert bzw. ggf. auch eine Beschleunigung des Projekts erreicht werden kann.

Anders als in der akademischen Wissenschaft, in der grundsätzlich die Tendenz besteht, vielen interessant erscheinenden neuen Fragestellungen nachzugehen, müssen in einem Unternehmen von vornherein auch klare Kriterien (sogenannte „no go"-Kriterien) definiert werden, die festlegen, wann ein Projekt als gescheitert zu betrachten und deshalb zu beenden ist. Denn dann können die dort gebundenen Ressourcen für andere Projekte eingesetzt werden. Gute Teams sind in der Lage, solche Kriterien zu formulieren und gegebenenfalls auch die Beendigung des eigenen Projekts vorzuschlagen.

Weitere wesentlicher Punkte betreffen die Strukturierung des Projektteams – es kann durchaus sinnvoll sein, bei komplexen Aufgaben Subteams zur Bearbeitung spezieller Fragestellungen einzusetzen – und die Verantwortlichkeiten der Teammitglieder. Nach Bestimmung eines Teamleiters müssen dessen Verantwortung und Kompetenzen definiert und kommuniziert werden. Dazu gehören seine Rolle im Entscheidungsprozess und das Verhältnis zu den Teammitgliedern (Chef oder Koordinator), wobei seine Position gestärkt wird, wenn er, wie das eigentlich eine Selbstverständlichkeit sein sollte, in die Leistungsbeurteilung (den „Performance Review") der Teammitglieder eingebunden ist. Zudem muss klargestellt werden, wer sein Vorgesetzter ist und an wen er als Teamleiter berichtet. Ebenso müssen die Kompetenzen und Verantwortlichkeiten der Teammitglieder festgelegt und verstanden sein. Teammitgliedschaft ist eine Zuordnung (ein „Assignment") auf Zeit (Abbildung 7.1). Für diese Zeit muss das betreffende Teammitglied autorisiert („empowered") sein, die jeweilige Fachabteilung in allen Belangen zu vertreten. Die Mitglieder des Teams stellen aufgrund ihres Assignments und Empowerments sicher, dass die für das Verwirklichen des Projekts erforderlichen Aufgaben in den Fachabteilungen in einem vereinbarten Zeitrahmen erledigt wird.

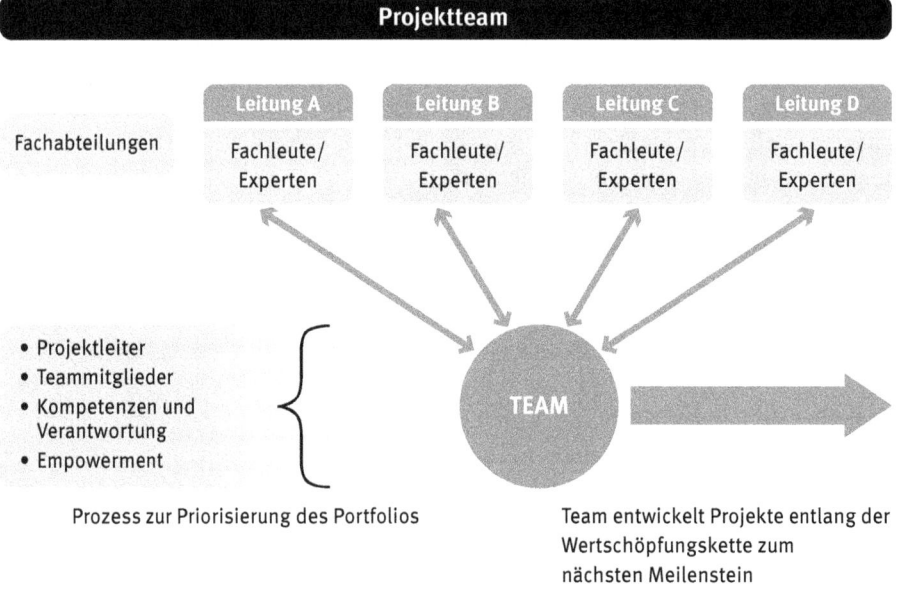

Abb. 7.1: Zusammenspiel zwischen Fachabteilungen und Projektteams

Die bisher im Zusammenhang mit Teamarbeit in Unternehmen beschriebenen Managementaufgaben sind im Wesentlichen auf die projektbezogene Etablierung neuer Teams und ihre funktionsfähige Integration in die Gesamtabläufe des Unternehmens konzentriert. Diese Ebene des Team-Managements wird durch eine zweite ergänzt, bei der es um die unmittelbare Leitung des Teams mit dem Ziel geht, das beschlossene Projekt durch konsequente Umsetzung des Milestone-Plans zu realisieren.

Teamleitung

Teamleitung ist eine sehr anspruchsvolle Führungsaufgabe. Sie kann mitunter viel anspruchsvoller und komplexer sein, als die Leitung einer Abteilung (siehe Kapitel 11). Bei großen Projekten hat es sich daher bewährt, dem Teamleiter einen Projektmanager zur Seite zu stellen. Die Aufgaben von Teamleitern und Projektmanagern dürfen nicht miteinander verwechselt werden. Projektmanagement bezieht sich in erster Linie auf administrativen Aufgaben, während Teamleitung mit fachlicher Führung und Gesamtverantwortung für das Projekt verbunden ist.

Im Folgenden seien einige der wesentlichen mit Teamleitung verbundenen Aufgaben angesprochen.

Der Teamleiter hat zunächst und vordringlich sicherzustellen, dass die generellen Ziele des Teams, der Projektplan mit seinen Zwischenzielen („Milestones") und die Kriterien zur Fortsetzung oder Beendigung des Projekts („go"/„no go"-Kriterien) allen Mitarbeitern bekannt und von diesen akzeptiert sind (siehe auch Kapitel 9). Die von einzelnen Teammitgliedern wahrzunehmenden Aufgaben müssen dabei in einer Weise abgestimmt werden, die es ihnen ermöglicht „Ownership" für ihre Aufgabe zu entwickeln, d. h. sich mit ihr zu identifizieren und sie sich zum eigenen Anliegen zu machen. Letzteres kann und sollte auch dadurch unterstützt werden, dass bei erfolgreicher Arbeit das gesamte Team einen Bonus erhält.

Bei international agierenden Teams und bei Beteiligung von Partnern aus anderen Firmen sind, wie in anderen Zusammenhängen auch, interkulturelle Unterschiede zu berücksichtigen. Nicht zu erkennen, dass in unterschiedlichen Ländern unterschiedliche Auffassungen von Teamarbeit existieren, wäre ein schwerwiegender Fehler. Gerade in dieser Konstellation kommt der Festlegung von Arbeitsprinzipien für das Team und deren regelmäßiger Überprüfung besondere Bedeutung zu. Auf diesen Aspekt wird in Kapitel 12 noch näher eingegangen.

Sobald die Arbeit am Projekt aufgenommen ist, besteht eine weitere wesentliche Herausforderung bezüglich der Teamleitung darin, basierend auf gewonnenen Daten und Ergebnissen laufende Anpassungen im Vorgehen zum Erreichen der Milestones und zur Realisierung des generellen Projektplans vorzunehmen. Um dies zu erreichen, muss das zuständige Steering Committee vom Team bzw. Teamleiter in regelmäßigen Abständen über den aktuellen Ergebnisstand und daraus resultierende Szenarien informiert werden. In den entsprechenden Präsentationen sollten die verschiedenen sich auf Basis der aktuellen Datenlage bietenden Optionen dargestellt, hinsichtlich der Risiken und Erfolgswahrscheinlichkeiten bewertet und mit einer Empfehlung (bevorzugte Option) zum weiteren Vorgehen versehen werden. SWOT-Analysen sind bei der Bewältigung dieser strategischen Aufgabe, die im anschließenden Kapitel noch eingehender behandelt wird, sehr hilfreich. Dabei geht es nicht um eine rhetorisch geschliffene, sondern um eine in der Sache klare Darstellung der Situation. Niemand ist daran interessiert, nur Probleme zu hören oder mit Details überschüttet zu werden. Das Steering Committee will entscheidungsrelevante Informationen.

Neben diesen auf die inhaltliche Entwicklung des Projekts bezogenen Diskussionen hat es sich bewährt, in regelmäßigen Abständen einen „Project-Review" zur Überprüfung des Bedarfs an fachlicher Expertise durchzuführen. Die Fachabteilungen haben ihrerseits sicherzustellen, dass die benötigte fachliche Kompetenz dem Team in der Tat zur Verfügung gestellt werden kann.

In den beschriebenen Zusammenhängen ist darauf zu achten, dass keine Einflussnahme von außen auf die Teamarbeit erfolgt. Verantwortlich ist der Teamleiter, dessen Aufgaben entsprechend definiert sind. Das Risiko einer Einflussnahme von außen ist insbesondere dann hoch, wenn es unterschiedliche Auffassungen zu wichtigen Sachfragen gibt und das Team diese nicht in einer gemeinsam getragenen Entscheidung zur Auflösung bringen kann, wie das in Ausnahmefällen möglich ist.

In einem solchen Fall sollte nicht der Versuch gemacht werden, zur Konfliktvermeidung einen mühsamen Kompromiss im Team auszuhandeln, der in den seltensten Fällen etwas wert ist, oder unnötig Zeit mit vergeblichen Lösungsversuchen zu verschwenden. Vielmehr empfiehlt es sich, die Lösung des Konflikts in einem geordneten Verfahren herbeizuführen, das das zuständige Entscheidungsgremium des Unternehmens einbezieht ohne die Autorität des Teamleiters zu beschädigen. Hierbei sollten dem Steering Committee die unterschiedlichen Auffassungen und Optionen in entscheidungsreifer Form, etwa mittels SWOT-Analysen, präsentiert werden. Dann muss das Steering Committee die Entscheidung treffen, was hoffentlich die Ausnahme bleibt.

In solchen und anderen Fällen kann es zur Unterstützung von Teams, die mit großen Projekten befasst sind, durchaus sinnvoll und hilfreich sein, externe Consultants einzubeziehen. Deren Aufgaben und Befugnisse müssen aber äußerst präzise definiert sein. Bei der geringsten Verletzung getroffener Absprachen sollte sehr genau überlegt werden, ob man die Zusammenarbeit fortsetzt, da sich aus solchen Situationen sehr schnell eine unübersichtliche Zuordnung von Verantwortlichkeiten mit fatalen Konsequenzen ergeben kann.

In dem zuletzt angesprochenen und allen anderen mit Teamarbeit verbundenen Zusammenhängen kommt einem klar strukturierten und organisierten Kommunikations- und Berichtssystem eine herausragende Bedeutung zu. Berichtslinien und -pflichten sollten eindeutig festgelegt und konsequent eingehalten werden. Alles andere öffnet die Schleusen zur Umgehung übergeordneter Verantwortungs- und Entscheidungsträger und führt zu vorhersehbaren Konflikten.

Ebenso sollte neben der unerlässlichen Kommunikation der Teammitglieder im praktischen Alltag eine organisierte, d. h. in regelmäßigen Abständen stattfindende und bezüglich grundlegender Inhalte definierte Form der Kommunikation etabliert werden. Hier sind insbesondere in geeigneten Intervallen stattfindende Sitzungen des Teams, der Fachabteilungen und des Steering Committees anzusprechen.

Teamsitzungen sollten in relativ häufiger Frequenz stattfinden, kurz sein und sich am Projektplan und den nächsten Meilensteinen orientieren. Protokolle sollten die „Action Items" beinhalten, nicht mehr (Protokolle dürfen nicht mit Reports und Dokumentationen verwechselt werden). Da diese Sitzungen nicht dem Zweck dienen, dass sich Außenstehende beliebig informieren, sollten daran nur diejenigen teilnehmen, die zur Teamleistung unmittelbar beitragen. Zudem sollte zum Abschluss der Teamsitzung vereinbart werden, was nach außen kommuniziert werden kann. Auch hier gilt das Prinzip „speak with one voice".

Im Zentrum regelmäßiger Sitzungen der involvierten Fachabteilungen stehen jeweils aktualisierte Überblicke zum Stand von Projekten und darauf bezogene Fragen, die die Einhaltung zeitlicher Vorgaben und das planmäßige Erreichen von Milestones betreffen sowie Reaktion auf eventuelle Abweichungen vom Plan und ggf. erforderliche Ressourcenanpassungen. Diese Themen spielen auch in den üblicherweise in etwas größeren Abständen stattfindenden Sitzungen des Steering Committees eine große Rolle, allerdings primär bezogen auf eine regelmäßige Überprüfung der Projektpriorisierung. Ist die bisherige Priorisierung noch angemessen oder ist eine Reduzierung oder Intensivierung bestimmter Projektaktivitäten mit entsprechend veränderter Ressourcenallokation aufgrund innerer oder äußerer Vorgänge, z. B. der zwischenzeitlichen Implementation neuer Projekte oder einer veränderten Konkurrenzlage, geboten?

Auch in diesen Zusammenhängen spielt die Kommunikation nach innen und nach außen eine große Rolle. Transparenz ist dabei wichtig. Das heißt aber nicht, dass alles allen mitgeteilt werden muss. Jeder Mitarbeiter muss die Informationen zur Verfügung haben, die er zur Bewältigung seiner Aufgaben braucht. Nichts ist aber problematischer als zu früh gegebene Informationen, die auf einer unzureichenden Einschätzungslage beruhen und die man dann wieder zurücknehmen muss. Zur Transparenz gehört auch, dass man sagt, worüber was man noch nichts sagen kann und was demzufolge noch offen ist (siehe auch Kapitel 4).

Abschließend sei noch einmal darauf hingewiesen, dass Teams, bei aller Leistungsfähigkeit, besonders anfällig für Störungen von außen sind, da sie als flexible Elemente im Vergleich zu den im Organigramm festgeschriebenen Funktionsbereichen des Unternehmens eine relativ schwache Stellung haben. Sie sind nahezu immer Spannungen ausgesetzt, wenn Kompromisse zwischen verschiedenen Unternehmensbereichen gefunden werden müssen, wobei es oft zu Machtspielen und Versuchen kommen kann, Einzelinteressen von Fachabteilungen und Standorten durchzusetzen. Teams dürfen sich hier nicht instrumentalisieren lassen und sowohl der Teamleiter als auch das übergeordnete Management sind gefordert, frühzeitig und nachhaltig sicher zu stellen, dass Teams nicht zum Ort für Konflikte und Stellvertreterkriege und somit in ihrer Funktion paralysiert werden.

In Zusammenhang mit den großen Herausforderung die unternehmensweite Teamarbeit darstellt, kann die Führung eines „Book of Knowledge" zur Unterstützung entsprechender Managementaufgaben sehr hilfreich und sinnvoll sein kann. In einem solchen Dokument sollten die im Unternehmen bei der bisherigen Teamarbeit gesammelte Erfahrungen bezüglich „Best Practice" und „Lessons Learned" so aufbereitet sein, dass neue Teams unmittelbar davon profitieren und bestimmte Fehler vermeiden können. Dies entspräche der Kultur einer „lernenden Organisation".

8. Strategie

Strategie! Es gibt wohl kaum einen anderen Begriff, der so strapaziert wird wie „Strategie" oder das Adjektiv „strategisch". Eine ganze Branche von Consulting-Firmen verdankt ihre Existenz dem Thema Strategie. Vielen Entscheidungen versucht man durch den Zusatz „strategisch" eine besondere Bedeutung zu verleihen und es soll auch nicht verschwiegen werden, dass viele Belegschaften schon allein durch die Ankündigung einer strategischen Neuausrichtung des Unternehmens in Angst und Schrecken versetzt werden, weil man dahinter immer unangenehme Veränderungen bis hin zum Arbeitsplatzabbau vermutet.

Es ist insofern kaum verwunderlich, dass die weltweit zu diesem Thema zur Verfügung stehende Literatur mittlerweile ein gigantisches Ausmaß erreicht hat und durch Neuerscheinungen kontinuierlich „bereichert" wird. Neben seriöser Literatur, die auf einem analytisch-wissenschaftlichen Ansatz basiert, besteht ein breites Spektrum weiterer Angebote. Dieses umfasst Lehren, die auf historische Persönlichkeiten bezogen sind (von Konfuzius über Elisabeth I. bis hin zu Clausewitz und Anderen), eine Unzahl von „How to ..." Werken sowie Darstellungen unternehmerischer Erfolgsgeschichten, die nicht selten einer Glorifizierung von CEOs dienen und die bis hin zum unerträglichen Personenkult reichen kann. Dem Berufsanfänger sei an dieser Stelle zunächst gesagt, dass der das nicht alles lesen muss. Aber einen Überblick über Grundprinzipien von Strategieentwicklung sollte er sich schon möglichst rasch verschaffen. Denn zweifellos ist die strategische Ausrichtung ein zentraler Aspekt der Unternehmensführung, dem auf verschiedenen Ebenen elementare Bedeutung zukommt. Nur wenige Unternehmen können sich eines stabilen Umfeldes erfreuen. Firmenpleiten, teilweise von gigantischem Ausmaß, sind weltweite Realität. Und die Unsicherheit nimmt mit dem Auftreten neuer Player, wie etwa China, zu, die tradierte Erfolgsmodelle erschüttern und bestimmte Märkte zunehmend dominieren. Auch vor dem Hintergrund der Finanzkrise 2008 und ihrer Auswirkungen auf viele Unternehmen führen diese Entwicklungen zwangsläufig zu einer intensivierten Auseinandersetzung mit langfristigen Strategien, tragfähigen Erfolgsmodellen und einem darauf bezogenen Verständnis von Unternehmenserfolg.

Anpassungsbedarf an veränderte mikro- und makroökonomische Gegebenheiten ist die unternehmerische Norm und vielfältige Herausforderungen sind dabei auf Managementebene zu bewältigen. Es versteht sich von selbst, dass dies nur in einem geordneten Verfahren geleistet werden kann, wenn Strategie nicht dem Zufall spontaner Einfälle überlassen werden soll. Strategieentwicklung muss daher integraler Bestandteil des allgemeinen Managementprozesses sein. Sie stellt eine zentrale Aufgabe von Führungskräften auf allen Hierarchieebenen dar und betrifft die globale Unternehmensstrategie („Corporate Strategy"), für die der CEO verantwortlich ist, ebenso wie sich daraus ableitende Einzel- oder Teilstrategien verschiedener Unternehmensteile und -funktionen.

Der aus der akademischen Welt kommende Berufseinsteiger ist mit der existentiellen Bedeutung, die Strategien im Bereich der Wirtschaft zukommt, und systematischen Ansätzen zu ihrer Entwicklung nur sehr begrenzt vertraut. Natürlich muss, etwa auch im Rahmen der Doktorarbeit, der ersten größeren beruflichen Herausforderung, eine gewisse Strategie zur Erreichung der Forschungsziele entwickelt werden. Dies erfolgt allerdings erfolgt nur selten bewusst und systematisch. Zudem muss die Strategie im Hinblick auf das zu erreichende Ziel zwangsläufig in gewissem Maß unbestimmt bleiben, da Forschungsergebnisse nur begrenzt planbar sind und darüber hinaus im akademischen Bereich grundsätzliche Offenheit besteht, interessanten Zufallsbefunden (dem glücklichen Zufall – „Serendipity") nachzugehen und dementsprechende Richtungswechsel zu vollziehen. Auch die Institutionen selbst, an denen sich akademische Forschung vollzieht, bieten im Hinblick auf unternehmensrelevante Strategieentwicklung nur wenig Orientierung. Zwar haben auch Universitäten, öffentliche Forschungseinrichtungen und Ministerien das Thema Strategie verstärkt aufgegriffen, die Ergebnisse dieser Übungen sind aber sehr durchwachsen, was insbesondere an institutionsspezifischen Faktoren liegt, die den Implementierungsprozess nachhaltig beeinflussen bzw. verhindern. Im Bereich der öffentlichen Forschungseinrichtungen sind dies etwa die Rituale der wissenschaftlichen Begutachtungs- und darauf gründenden Entscheidungsverfahren. Im Bereich der Ministerien sind es die politischen Machtverhältnisse und anstehende Wahltermine. Zweifellos ist der Sachzwang zur Entwicklung und konsequenten Umsetzung konsistenter Strategien in diesen Bereichen weitaus geringer als in Wirtschaftsunternehmen, deren Existenz davon abhängt.

Im Folgenden sollen daher dem Berufseinsteiger zum einen strategische Herausforderungen vermittelt werden, die bereits unmittelbar nach Aufnahme einer Tätigkeit in der Wirtschaft auf ihn zukommen können. Zum anderen sollen Faktoren beschrieben werden, die bei der Entwicklung einer Strategie und deren Kommunikation, Umsetzung und Bewertung eine wesentliche Rolle spielen. Diesen Erläuterungen sei eine Definition des Strategiebegriffs durch den Autor vorangestellt:

„Strategien sind Handlungsanleitungen, um ein bestimmtes Ziel zu erreichen."

Mit dieser Definition sind die beiden zentralen Komponenten strategischen Handelns erfasst – Theorie (Entwicklung eines Plans) und Praxis (Implementierung bzw. Umsetzung des Plans). Ebenso verdeutlicht sie, dass Strategie weder mit Vision noch mit dem Ziel des strategischen Prozesses selbst verwechselt werden sollte, wie das vielfach geschieht.

Auch wenn er sich bis dahin nicht systematisch damit befasst hat und an der Universität nur unzureichend darauf vorbereitet wurde, sollte sich der Berufsanfänger bei seinem Eintritt in ein Unternehmen dem „überragenden" Thema Strategie ohne Angst, sondern mit einer positiv-kritischen Einstellung nähern.

Zunächst sollte er sich möglichst umgehend über drei Punkte Klarheit verschaffen:

- Welche strategischen Fragestellungen fallen in seine eigene Kompetenz und Verantwortung und können bzw. müssen von ihm selbst angestoßen werden?
- Zu welchen strategischen Entwicklungen kann er einen Beitrag leisten, welche Entwicklungen zumindest indirekt beeinflussen?
- Welchen strategischen Entwicklungen ist er quasi „ausgeliefert", auf welche möglichen Szenarien muss er sich dabei einstellen und wie darauf reagieren?

Eine erste Herausforderung, mit der er üblicherweise kurz nach seinem Eintritt in ein Unternehmen konfrontiert wird, besteht darin, sein Projekt dem Vorgesetzten oder einem größeren Kreis zu präsentieren. Dabei wird selbstverständlich auch eine Aussage zum strategischen Vorgehen erwartet. Zwei Fragen sind vordringlich zu beantworten: Erstens, wie passt das Projekt zur Gesamtstrategie des Unternehmens („Strategic Fit") und, zweitens, wie sieht die unmittelbar auf das Projekt bezogene Strategie aus?

Im Forschungs- und Entwicklungsbereich kann Letzteres die Entwicklung eines Projektplans unter Berücksichtigung aller Kriterien bedeuten, wie sie im Detail im vorausgehenden Kapitel beschrieben wurden, im Bereich Marketing & Vertrieb die Darstellung eines integrierten Vermarktungs- und Verkaufskonzepts und im Bereich Öffentlichkeitsarbeit die Erläuterung einer auf Themen und Zielgruppen bezogenen Kommunikationsstrategie.

In einem forschungsintensiven Unternehmen dürfte man als Experte schon in kürzester Zeit auch mit der Aufgabe konfrontiert werden, eine Strategie zur Einführung einer neuen Technologie oder zur Etablierung eines neuen Forschungsprozesses selbst zu entwickeln oder als Mitglied oder Leiter eines Teams zu agieren, dem eine solche Aufgabe anvertraut wurde.

Strategieentwicklung

Eine der ersten Fragen von Berufsanfängern, die mit der Entwicklung einer Strategie beauftragt wurden, ist, ob es eine Art Checkliste oder einen Standardweg gibt, wie man eine Strategie entwickelt. Bei dieser Frage sollte man sich zunächst vergegenwärtigen, dass es nicht um die Erfüllung eines Formalismus geht, sondern um das Erreichen eines unternehmerischen Zieles, d. h. die Erarbeitung einer konkret darauf bezogenen Entscheidungs- und Handlungsgrundlage. Es ist insofern Aufgabe der Führungskräfte, zu definieren, welche Informationen hierfür gebraucht werden. Bei aller Variabilität im Einzelnen und trotz verschiedener methodischer Ansätze, wie sie etwa von Consultants entwickelt wurden, sind im Rahmen einer Strategieentwicklung üblicherweise eine Reihe von Standardelementen zu berücksichtigen.

So versteht es sich nahezu von selbst, dass zunächst festgelegt werden muss, welches Unternehmensziel erreicht werden soll, wie sich dieses Ziel in den Gesamtkontext des Unternehmens einfügt und welche Auswirkungen daher bei seiner Realisierung für das Unternehmen, etwa im Hinblick auf die allgemein vorgegebenen Jahresziele, zu erwarten sind.

Im Zuge der Begründung dieser Zielsetzung drängt es sich auf, die Konkurrenzsituation zu analysieren, das Umfeld bzw. Marktsegment, in dem man aktiv ist oder aktiv werden möchte, zu beschreiben und deutlich zu machen, wie man sich durch Erreichen des Zieles von der Konkurrenz differenzieren wird. Diese Konkurrenzanalyse (das „Benchmarking") kann je nach Bedarf sehr detailliert gestaltet sein und auf quantitativen Parametern fußen oder, auf hoher Flughöhe, eher qualitativen Charakter haben. Die allgemeine Erfahrung spricht für eine möglichst sorgfältige und genaue Analyse der Konkurrenzsituation, da eine falsche Einschätzung fatale Folgen haben kann. Generell gehören zu einem guten Benchmarking detaillierte Informationen über die Wettbewerber und die Analyse von Megatrends.

Parallel hierzu sind die Ausgangssituation und der Handlungsbedarf („Case for Action") zu beschreiben, d. h. darzulegen, wie man mit welchen Mitteln, Investitionen, Personalaufwand, Partnerschaften etc. in welchem Zeitrahmen das Ziel erreichen kann.

Zusammengefasst geht es zunächst also um die Fragen: Wo stehen wir? Wo wollen wir hin? Wie kommen wir dort hin? Die Ausgangssituation steht fest. Ebenso wenig darf das strategische Ziel verhandelbar sein, denn sonst hat man es mit einem „beweglichen Ziel" („Moving Target") zu tun, angesichts dessen die Festlegung einer bestimmten Strategie von geringem Wert und möglicherweise sinnlos wäre.

Flexibilität besteht allerdings bei der Frage nach dem „Wie", d. h. nach den Wegen, über die das Ziel erreicht werden kann, da sich hier üblicherweise verschiedene Optionen (ein „Set of Choices"), anbieten. Um diese zu erarbeiten und darzustellen, sind neben einer Einbeziehung objektiver Fakten auch bestimmte auf Wahrscheinlichkeiten beruhende Grundannahmen („Assumptions") zur Gangbarkeit verschiedener Wege notwendig. Gegebenenfalls sollten diese Annahmen verschiedenen Szenarien – sog. „best case", „real case" und „worst case" Fällen – zugeordnet werden.

Die so erarbeiteten Optionen müssen bewertet werden. Dies erfolgt am besten durch SWOT-Analysen, deren Grundprinzip bereits in Kapitel 3 vorgestellt wurde. Sie erlauben eine Bewertung anhand plausibler qualitativer Kriterien, wobei das Bild jeweils nach Bedarf beliebig verfeinert werden kann. Die Bewertung kann darüber hinaus auch durch umfangreichere Simulationen bestimmter Szenarien und Modellrechnungen in unterschiedlichen Detaillierungsgraden unterstützt werden. In jedem Fall müssen in diesem Zusammenhang eine fundierte Risikoabschätzung vorgenommen und mögliche Implementierungshürden benannt werden. Es macht etwa im Falle von neuen Produkten einen großen Unterschied, ob diese mit großer Sicherheit hergestellt werden können oder ob die Produktentwicklung mit großen Risiken des Scheiterns behaftet ist, wie das beispielsweise bei der Generierung neuer Arzneimittel der Fall ist. Und bei den Implementierungshürden sind neben Faktoren, die etwa patentrechtliche, technologische, vermarktungstechnische Aspekte oder den Personalbedarf betreffen, auch mögliche Verhandlungen mit dem Betriebsrat und Gewerkschaften bei Auswirkungen auf Arbeitsplätze oder gesellschaftliche Akzeptanzprobleme bei der Einführung neuer Technologien zu bedenken.

Am Ende des Prozesses wird das Ergebnis dann in der Regel einem Vorgesetzten oder, in den meisten Fällen, einem Lenkungsgremium (Steering Committee) oder sogar dem Vorstand präsentiert. Dabei empfiehlt es sich, alternative Optionen vorzustellen, diese im Kontext der Unternehmensstrategie zu diskutieren und, mit klarer Begründung für die Bevorzugung gegenüber den Alternativen, eine Empfehlung für eine bestimmte Option auszusprechen. Dies wäre dann auch der richtige Zeitpunkt, um auf Basis der Grundannahmen die Realisierung der gewählte Option noch einmal im Detail durchzuspielen und mit Erfolgsparametern („Key Performance Indicators", KPIs) zu versehen, die zur Messung des Umsetzungserfolges herangezogen werden können. Viele klassische Beispiele zur Messbarkeit dieses Erfolgs in verschiedensten strategischen Zusammenhängen findet man in einem Standardwerk von Kaplan und Norton [15].

Die beschriebenen Prozesse können sich sehr rasch außerordentlich komplex gestalten, insbesondere wenn es z. B. um die Strategie ganzer Geschäftsbereiche oder „Business Units" geht und dabei neben Forschung und Entwicklung etwa auch Produktion, Marketing und Vertrieb einbezogen werden müssen. Häufig müssen Strategien daher im Team erarbeitet werden. Diese Teams, in denen die an der späteren Umsetzung beteiligten Funktionsbereiche vertreten sein müssen, bedürfen zusätzlich der Unterstützung durch weitere Unternehmensbereiche, z. B. der Controlling- und der Personalabteilungen. Abhängig vom Projekt kann auch die Einbeziehung externer Berater sinnvoll und hilfreich sein (siehe unten). Zudem ist ständiger Dialog des Teamleiters mit dem Auftraggeber der Strategieentwicklung wärmstens zu empfehlen, um Feedback einzuholen und kontinuierlich sicherzustellen, dass auf grundsätzlicher Ebene Einklang mit den Erwartungen besteht.

Wenn man sich einmal bei strategischen Projekten bewährt hat, dann ist es nur noch eine Frage der Zeit, bis man die Chance bekommt, an größeren Projekten mitzuarbeiten. Da große Firmen versuchen, bei der Entwicklung übergreifender Strategien den Input verschiedener Funktionsbereiche zu erhalten, kann man dabei schnell Erfahrung in unterschiedlichsten Zusammenhängen sammeln, die z. B. Forschungs- und Entwicklung, Produktion, Marketing, den IT-Bereich, Personalentwicklung oder Kommunikation betreffen. Man sollte sich daher bewusst machen, dass sich über die Beteiligung an strategischen Projekten frühzeitig Möglichkeiten bieten, einen breiteren Einblick in das Unternehmen zu gewinnen und bereits zu Zeiten, in denen man in der Unternehmenshierarchie noch auf einer unteren Stufe steht, einen signifikanten Beitrag zu dessen Entwicklung zu leisten.

Aufgrund der großen Bedeutung der Strategieentwicklung für das Unternehmen und die eigene berufliche Karriere, noch einige praktische Hinweise für „Anfänger":

- Man sollte sich unbedingt vor Beginn des Prozesses über generelle Unternehmensziel und in diesem Zusammenhang bereits vorbestehende Strategien informieren.
- Rückfragen bei Vorgesetzten bezüglich des Ziels und Umfangs der Aufgabe sind absolut OK.
- Nach Möglichkeit sollte man dabei ein Konzept zum geplanten Vorgehen präsentieren und sich auch im Verlauf des Prozesses immer wieder Feedback einholen, ob man auf dem richtigen Weg ist.
- Beizeiten sollten mit Vorgesetzten auch Fragen der Vertraulichkeit erörtert und geklärt werden, wer informativ einzubeziehen ist.
- Ebenso sollten die Formate von Berichten und Abschlusspräsentationen abgestimmt und der Zeitrahmen festlegt werden, innerhalb dessen das Projekt fertig gestellt sein muss.
- Was inhaltliche Aspekte der Strategieentwicklung betrifft, mit der man beauftragt ist, so sollte man nicht vorab nicht „ungeschickt" nach dem exakten Budget fragen, das für das entsprechende Projekt zur Verfügung steht. Vielmehr sollte man einen groben Orientierungsrahmen kennen und dann Optionen und Chancen aufzeigen und sagen, welche Möglichkeiten sich mit welchem Budget eröffnen.

Einbeziehung von Unternehmensberatern (Consultants)

Gute Berater verfügen über ein breites Repertoire von Methoden, deren Einsatz auf die jeweils spezifischen Fragen zugeschnitten werden kann. Diese methodische Kompetenz kann sich in verschiedenen Zusammenhängen der Strategieentwicklung als sehr hilfreich erweisen. Dies betrifft insbesondere Bestandsaufnahmen der wissenschaftlichen Leistungsfähigkeit des Unternehmens, Benchmarking und die Erarbeitung von Optionen und Ideen unter Beteiligung vieler Mitarbeiter in großen Workshops.

Consultants können insofern hervorragende Arbeit zur methodischen Unterstützung leisten und zudem ihrerseits wichtige Informationen durch Rückgriff auf ihren großen Erfahrungs- und Wissensschatz und die Einschaltung ihnen zur Verfügung stehender Netzwerke beisteuern. Sie stellen daher ausgezeichnete „Sparringspartner" bei der Strategieentwicklung dar.

Mit großem Nachdruck muss an dieser Stelle allerdings davor gewarnt werden, Consultants die grundsätzliche Gestaltung des Prozesses der Strategieentwicklung, wie etwa die Festlegung der Ziele, oder sogar die Entscheidung bezüglich der zu realisierenden Option zu überlassen. Das Treffen von Entscheidungen muss ausschließlich den Führungskräften des Unternehmens vorbehalten bleiben, sie dürfen sich nicht das „Heft des Handelns" aus der Hand nehmen lassen und zu Getriebenen werden. Sie tragen die Verantwortung und sie sollten sich auch sehr bewusst sein, dass sie und nicht die Consultants zur Verantwortung gezogen werden, sollte eine

Strategie scheitern. Es ist im Übrigen trivial festzustellen, dass es neben exzellenten Consultants auch solche gibt, die ihr Geld nicht wert sind. Es gehört dann auch zur Führungsverantwortung, den Mut aufzubringen, sich von diesen Beratern zu trennen.

Noch ein weiterer Punkt sollte bei der Hinzuziehung von Consultants beachtet werden. Üblicherweise werden Unternehmensberater vom Topmanagement eingesetzt sind und die Belegschaft steht ihnen daher häufig eher skeptisch und misstrauisch gegenüber, weil neben dem offiziellen immer auch ein verstecktes Anliegen (eine „Hidden Agenda") des Topmanagements vermutet wird. Man sollte deshalb sein Verhalten gegenüber Beratern gut bedenken. Zu empfehlen ist, sich nach Möglichkeit auf Sachbeiträge zu den im Raume stehenden Fragen zu beschränken, denn man kann auf jeden Fall sicher sein, dass alles, was man sagt, auch nach oben weitergeleitet wird. Das kann leicht zu unangenehmen Situationen führen. Zur Vermeidung solcher Probleme ist es hilfreich, vor Beginn des Beratungsprozesses klare Vereinbarungen zu treffen und das Vorgehen mit seinen Vorgesetzten abzusprechen. Die Regeln der Zusammenarbeit sollten allen Beteiligten klar kommuniziert werden, auch den Beratern selbst.

Implementierung

Wenn Strategien gescheitert sind, wird gerne darauf verwiesen, dass die Strategie an sich hervorragend, die Implementierung aber höchst mangelhaft gewesen sei. Das erscheint zunächst als plausible Möglichkeit, kann so aber nicht akzeptiert werden. Wer bei Entwicklung seiner Strategie die Implementierung außer Acht lässt, macht einen Grundfehler und bewegt sich auf der Ebene des Wunschdenkens, denn strategische Planung und Implementierung sind untrennbar [9], will man Erfolg haben. Alles Andere gerät zur Trockenübung. Gerade deshalb ist im Rahmen der Strategieentwicklung und der Erarbeitung und Bewertung alternativer Optionen die eingehende Auseinandersetzung mit Implementierungshürden und die Frage, wo diesbezügliche Risiken liegen und vielleicht auch „Resistance to Change" zu erwarten ist, so wichtig. Möglicherweise muss daher bei der Ausarbeitung von Optionen an die Notwendigkeit eines spezifischen Veränderungsmanagements („Change Management") und entsprechende Aktivitäten gedacht werden. Auch das ist selbstverständlicher Bestandteil von Leadership und Management.

In jedem Fall sollten die Komplexität des Umsetzungsprozesses und die eventuelle Notwendigkeit zu Korrekturen keinesfalls unterschätzt oder eigene Möglichkeiten, Probleme durch „ad hoc" Eingriffe zu lösen, überschätzt werden. Dies gilt insbesondere bei standortübergreifenden und internationalen Projekten, bei denen neben interkulturellen Aspekten schnell massive Standortinteressen und damit verbundene Rivalitäten hinzukommen können. Jede Strategie muss solche Probleme ins Kalkül ziehen und die Fähigkeit, sie gegebenenfalls zu bewältigen, sicherstellen.

Die Implementierung selbst muss in den Jahreszielen des Unternehmens verankert sein. Sie lässt sich fördern, auch dies eine Entscheidung des Managements, wenn Mitarbeiter-Boni oder Jahresprämien von der Effizienz ihrer Umsetzung abhängig gemacht werden.

Kommunikation

Ein entscheidender Faktor für die erfolgreiche Umsetzung einer Strategie ist deren klare Kommunikation. Klar bedeutet, sie muss von allen mitspracheberechtigten Interessensgruppen („Stakeholdern"), den Führungskräften und Mitarbeitern des Unternehmens und gegebenenfalls im internationalen Kontext verstanden werden. Nur so lässt sich breite Akzeptanz (das „Buy In") der Strategie im Unternehmen herstellen und nur so die Voraussetzung für eine effiziente und von persönlichem Engagement („Ownership") getragene Umsetzung auf verschiedenen Ebenen schaffen. Denn eines ist klar – wenn die „Organisation" nicht mitmacht, wird es nicht funktionieren. Dies ist insbesondere beim „Herunterbrechen der Strategie" (ihrem „Roll Out") von größter Bedeutung, das zum einen die Entwicklung und Umsetzung adäquater Teilstrategien in den jeweiligen Einzelbereichen und zum anderen die Synchronisation der verschiedenen Abläufe in allen betroffenen Unternehmensteilen erfordert. Wichtig ist in diesem Zusammenhang, dass auch die Fortschritte der Umsetzung regelmäßig kommuniziert werden, am besten nicht durch theoretische Abhandlungen, sondern anhand konkreter Beispiele, denn nichts ist überzeugender.

Die wenigen hier angesprochenen Punkte belegen in offensichtlicher Weise die herausragende Bedeutung eines organisierten und strukturierten Kommunikationsprozesses für die Implementierung einer neuen Strategie. Sobald eine strategische Entscheidung gefallen ist, muss daher auch ein entsprechender Kommunikationsplan entwickelt werden. Dieser hat die unterschiedlichen Zielgruppen, an die sich die Kommunikation richtet, zu berücksichtigen, und muss darauf bezogene Formate und Darstellungsweisen beinhalten. Typische Formen der Präsentation sind durch die folgenden Beispiele wiedergegeben:

Textdokumente
- Kurzüberblick – Executive Summary (2-3 Seiten)
- Zusammenfassung (10-15 Seiten)
- Ausführlichere textliche Erläuterung nebst verschiedenen Anlagen (100-150 Seiten)

Vortragsmaterialien
- Kurzpräsentation (bis zu 10 Folien bzw. Slides)
- Langversion (40-50 Folien bzw. Slides)

Wie man die Kurzpräsentation einer Strategie in 7 Slides aufbauen kann wurde kürzlich in der Harvard Business Review Press [13] dargestellt. Dieser Vorschlag sei hier im textlichen Original wiedergegeben:

1. The opportunity statement.
2. The two or three alternatives you considered as well as the business objectives and performance metrics you chose to measure your alternatives against.
3. A summary of the costs and benefits you considered.
4. Your initial recommendation and why you chose it.
5. The risks associated with this recommendation and how you plan to mitigate them.
6. The high level milestones and dates when the organization will realize benefits; persons accountable for each milestone; resources needed for each milestone.
7. A reiteration of why the opportunity is important and how your recommendation will benefit your organization including its impact on business results.

Abschließend sei zum Thema „Strategie und Strategieentwicklung" noch angemerkt, dass bei aller notwendigen Formalisierung der Managementprozesse und Methodik in der Vorgehensweise durchaus auch mit angemessenem Selbstbewusstsein und im Vertrauen auf den eigenen gesunden Menschverstand und die eigene Informationsbasis agiert werden sollte. Dabei sollte auch Raum für spontane Ideen („think out of the box"), Querdenken und Offenheit für Veränderungen bestehen.

9. Ziele und Zielvereinbarungen

An mehreren Stellen des Buches wurde bereits in unterschiedlichen Zusammenhängen auf Ziele, Zielsetzungsprozesse und Zielvereinbarungen eingegangen.

Bei seinem Einstieg in die Wirtschaft ist der Berufsanfänger auch auf den Umgang mit diesem Themenkreis nur unzureichend vorbereitet. Zwar wurden etwa bei der Vergabe des Themas der Doktorarbeit generelle inhaltliche und zeitliche Ziele vorgegeben. Grundsätzlich besteht aber in der Grundlagenforschung naturgemäß eine weitaus größere Bereitschaft als in der Wirtschaft, aufgrund interessanter Zufallsbefunde vom ursprünglich vorgegebenen Ziel abzuweichen. Und zeitliche Aspekte mögen sich zwar auf den Nachweis der Forschungseffektivität und somit die Chancen bei künftigen Forschungsanträgen auswirken, sie sind in der Regel aber nicht existenzbestimmend für die Institution selbst. Insofern wird im akademischen Bereich einer systematischen und verbindlichen inhaltlichen und zeitlichen Zielsetzung, die auch das Erreichen von Zwischenzielen einschließt, weit weniger Beachtung geschenkt als in der Wirtschaft. In der auf Anwendung und Kommerzialisierung bezogenen Forschung der Wirtschaft, die ihrerseits aus den Einkünften des Unternehmens selbst zu finanzieren ist, sind die Freiheitsgrade der akademischen Welt aber nicht zu tolerieren, da sich diese in kürzester Zeit existenzbedrohend auswirken könnten.

Dem Prozess der Definition und Umsetzung von Zielen kommt daher in der Wirtschaft im wahrsten Sinne des Wortes existentielle Bedeutung zu. Er muss von den Führungskräften eines Unternehmens souverän beherrscht werden und soll daher hier unter besonderem Verweis auf das Prinzip von Zielvereinbarungen (Führen mit Zielen, „Management by Objectives"), einem der wirksamsten Management- und Führungsinstrumente, noch einmal eigens behandelt werden. Eine gewisse Redundanz mit vorausgegangenen Aussagen wird dabei bewusst in Kauf genommen.

Zunächst ist zu sagen, dass der Prozess der Zielsetzung und -vereinbarung zuvorderst der Implementierung und Umsetzung der allgemeinen Unternehmensstrategie dient, welche wiederum Grundvoraussetzung für den Geschäftsbetrieb ist. Dies erfordert das „Herunterbrechen" der Gesamtstrategie auf alle Einzelbereiche und die zeitliche Koordination bzw. Synchronisation (das „Alignment") der Aktivitäten all dieser Bereiche an allen Unternehmensstandorten. Dies kann nur gelingen, wenn gegenüber allen Führungskräften und Mitarbeitern des Unternehmens Verbindlichkeit bezüglich ihrer Aufgaben und des zeitlichen Rahmens zu deren Erledigung hergestellt ist. Jeder muss wissen, was er bis wann beizutragen hat und was er dabei seinerseits von Anderen erwarten kann.

Ohne auf viele Details einzugehen, kann der darauf bezogene Managementprozess in einige wenige grundsätzliche Schritte untergliedert werden:

Die Unternehmensleitung (das „Executive Management") setzt zunächst im Einklang mit der generellen Unternehmensstrategie die jeweils zu erreichenden globalen Jahresziele fest, die die Basis für sämtliche weiteren Zielsetzungsschritte bilden. Neben Umsatz- und Produktivitätszielen können bzw. sollten in den Jahreszielen auch weitere Ziele, etwa im Hinblick auf Organisationsentwicklung und Unternehmenskultur, enthalten sein. Allerdings sollte im Interesse einer klaren Vermittelbarkeit dieser Ziele der Fokus gewahrt bleiben. Wenn die Unternehmensziele mehr als 10 Punkte umfassen, wird es unübersichtlich.

Auf Grundlage der globalen Unternehmensziele formulieren die Mitglieder des Topmanagements wiederum die Ziele für ihre jeweiligen Funktionsbereiche.

Dabei ist von Seiten des Managements in besonderem Maße darauf zu achten, dass diese Jahresziele mit den Zielvorgaben für Teams kompatibel sind, d. h. dass die Teamziele und allgemeine Bereichsziele aufeinander abgestimmt und miteinander synchronisiert sind. Das erfordert insbesondere bei bereichsübergreifenden Teams eine Reihe von z. T. komplexeren Abstimmungsprozessen, ist aber absolut erfolgskritisch, da Teams in vielen Unternehmen entscheidende Funktionseinheiten darstellen (siehe Kapitel 7).

Zur effizienten und realitätsbezogenen Bewältigung der beschriebenen Zielsetzungsprozesse hat es sich bewährt, deren Zwischenergebnisse im „top down" – „bottom up" Verfahren zu diskutieren, d. h. die zunächst vom Topmanagement ausformulierten Ziele in der Organisation zur Diskussion zu stellen und deren Feedback einzuholen. Besonders gut lässt sich dies über Workshops unter größerer Beteiligung oder durch Managementkonferenzen erreichen, auf denen Führungskräfte ihre Einschätzung kurz formulieren und mit der nächsthöheren Ebene besprechen. Solcher Aufwand lohnt sich, denn durch den hierüber ermöglichten Dialog zwischen Topmanagement und Organisation wird sichergestellt, dass die Bodenhaftung nicht verloren geht und der Prozess der Zielsetzung keine akademische Trockenübung wird. Ziele müssen ehrgeizig, dürfen aber nicht realitätsfern sein. Insgesamt sollte ein gut eingespielter Zielsetzungsprozess, an dessen Perfektionierung natürlich beständig gearbeitet werden sollte, in einem Zeitraum von vier Wochen in einem großen Unternehmen erledigt werden können.

Nach seinem Abschluss stehen individuelle Gespräche mit Führungskräften und Mitarbeitern an, bei denen im Rahmen so genannter Zielvereinbarungen, die persönlich zu erreichenden Ziele festgelegt werden. Diese Zielvereinbarungen leiten sich von den „globalen" Unternehmenszielen ab und bestehen aus verschiedenen Komponenten, deren Einzelgewichtung natürlich jeweils mit der spezifischen Position und Aufgabe variiert. Zur Illustration sei die Struktur einer auf Führungskräfte bezogenen Zielvereinbarung nebst entsprechender Gewichtung von Einzelkomponenten beispielhaft dargestellt:

1. Produktivitätsziel (70 – 80 %)
2. Organisationsentwicklung (20 – 10 %)
3. Personalentwicklung (5 %)
4. Persönliche Entwicklung (5 %)

Auch hier gilt, dass der Fokus gewahrt bleiben sollte. Die Angabe von 5 – 8 persönlich zu erreichenden Jahreszielen ist völlig ausreichend.

Auf der Basis ihrer Jahresziele und der darin enthaltenen Komponenten müssen Führungskräfte dann ihrerseits zu angemessenen Zielvereinbarungen mit ihren mit Mitarbeitern gelangen. Auch hier muss auf die Gewichtung der Einzelkomponenten innerhalb der Zielvereinbarung geachtet werden, da gemessen daran eventuelle Erfolgsbeteiligungen festzulegen sind. Grundsätzlich lässt sich zum Thema „Zielvereinbarungen und Erfolgsbeteiligungen" sagen, dass Vereinbarungs- und Abstimmungsprozesse umso ernster genommen werden, je größer der Anteil des Gehaltes ist, der von dem Erreichen der Jahresziele abhängt. Wenn sich das Erreichen von Jahreszielen nicht in einer Erfolgsbeteiligung für die Mitarbeiter niederschlägt, bleibt deren Vereinbarung weitgehend ohne Konsequenzen. Im Zusammenhang mit Teamarbeit sei diesbezüglich ausdrücklich angemerkt, dass es außerordentlich motivierend ist, im Falle einer besonderen Teamleistung dem gesamten Team und nicht etwa nur dem Teamleiter eine Beteiligung zukommen zu lassen. Es sei auch betont, dass vor diesem Hintergrund bei allen Zielvereinbarungen unbedingt darauf geachtet werden sollte, dass das Erreichen festgelegter Ziele messbar ist. Alle am Gespräch Beteiligten sollten sich über diesbezügliche Parameter verständigen. Wenn eine Quantifizierung nicht möglich ist, sollte anhand konkreter Beispiele dargestellt werden, inwieweit sie erreicht wurden. Solche Beispiele sagen mehr als 1000 „Management-Buzzwords".

Gespräche, ob und in welchem Ausmaß Ziele erreicht oder gar übertroffen wurden, müsse am Ende des Jahres geführt werden. Das kann in globalen Unternehmen, wenn man eingeübt ist, sogar per Telefon erfolgen. Unabhängig von diesen Bestandsaufnahmen zum Jahresende ist aber auch anzuraten in regelmäßigen Intervallen, etwa Halbjahresabständen, Zwischenbilanz zu ziehen und – auch wenn Ziele grundsätzlich keine „Moving Targets" sein dürfen – notwendige Anpassungen nach oben und unten vorzunehmen, falls sich die Rahmenbedingungen geändert haben.

10. Entscheiden

Entscheiden oder Entscheidungen treffen – kaum ein Thema wird häufiger genannt, wenn es um die Frage geht, was Führungskräfte zu tun haben bzw. was zu ihren wichtigsten Aufgaben gehört. Und nahezu durchgängig wird dies mit der Aussage verknüpft, dass gutes und richtiges Entscheiden ein wesentlicher Faktor für erfolgreiches Management sei. Die zentrale Rolle, die Entscheidungsprozessen und Entscheidungen damit im Management zugewiesen wird, entspricht durchaus den Realitäten. Denn es gibt, wie bereits in den vorausgehenden Kapiteln deutlich wurde und hier noch weiter vertieft werden soll, so gut wie keine an das Management gestellte Aufgabe, deren Bewältigung nicht mit Entscheidungen verbunden wäre.

Dementsprechend existiert auch zu diesem Thema umfangreiche Literatur in schon mehrfach erwähnter Bandbreite, wobei es häufig in Verbindung mit anderen Themen, wie etwa Strategie (siehe Kapitel 8), behandelt wird. Etwas schmal nimmt sich dabei allerdings das Segment wissenschaftlicher Betrachtungen im Sinne einer systematischen Managementforschung aus. Allein das Thema, warum bestimmte Optionen bevorzugt wurden und welche Beweggründe dabei unter anderem das Topmanagement bei sehr weitreichenden Entscheidungen bestimmten, könnte vermutlich ganze Institute längerfristig beschäftigen und die Grundlage intensiver Publikationsaktivitäten bilden. Vermutlich würden solche Untersuchungen belegen, dass Entscheidungen nicht umso besser und richtiger sind, je höher die Hierarchieebene ist, auf der sie getroffen werden, und dass die Beweggründe gelegentlich von überraschender Banalität sind. Der Ruf nach einer guten Entscheidungskultur als wesentliche Voraussetzung erfolgreicher Unternehmensführung würde dadurch vielleicht noch etwas mehr Gehör finden.

Dem Berufseinsteiger soll hier allerdings das Thema „Entscheiden" nicht in seiner ganzen Komplexität und mit dem Anspruch einer wissenschaftlich-systematischen Betrachtung, sondern in einer Kurzform nahegebracht werden, die ihm eine erste „praktische" Orientierung ermöglicht. Dies erscheint insofern besonders dringlich als er üblicherweise bereits unmittelbar nach seinem Eintritt in die Wirtschaft eine Fülle von Entscheidungen in verschiedensten Zusammenhängen zu treffen hat, obwohl er im Laufe seines bisherigen persönlichen Werdegangs und seiner akademischen Ausbildung nur in sehr geringem Maße auf unternehmerisches Entscheiden mit all seinen Facetten und Ambiguitäten vorbereitet wurde.

Dieser Erfahrungsmangel mag auf den ersten Blick überraschen, denn natürlich handelt es sich bei Berufseinsteigern um erwachsene Menschen, die alleine in ihrem Alltagsleben und selbstverständlich auch bei der Planung ihrer beruflichen Karriere schon viele Entscheidungen zu treffen hatten. Solche persönliche Entscheidungen wurden häufig aber unbewusst, jedenfalls nicht über ein systematisches Verfahren, sondern in mehr oder weniger sorgfältigen, den eigenen Neigungen folgenden Abwägungsprozessen und im Vertrauen auf den gesunden Menschenverstand getroffen. Und soweit es dabei um unmittelbar inhaltsbezogen berufliche Entscheidungen ging, waren diese wiederum in erster Linie von den Anforderungen der akademischen Wissenschaft geprägt. Sie folgten deren Prinzipien und orientierten sich im Wesentlichen an wissenschaftlichen Sachverhalten und den Kriterien wissenschaftlicher Exzellenz. Die persönlichen Risiken waren dabei eher gering, Auswirkungen auf andere äußerst begrenzt. Zudem hatten Fehlentscheidungen nicht zwangsläufig fatale Folgen. Wenn eine falsche Richtung eingeschlagen und das ursprünglich angepeilte Forschungsziel verfehlt war, bestand noch immer die Chance, anderen interessanten Befunden, die sich auf diesem „Irrweg" ergeben hatten, nachzugehen und sie zu publizieren. Das Thema Entscheiden war insofern kein prägendes Element des akademischen Forschungsalltags, denn vieles ergab sich aus dem methodischen Ansatz und der Datenlage.

Mit dem Eintritt in die Welt der Wirtschaft als Führungskraft ändert sich die Situation aber schlagartig und dramatisch. Von diesem Tag an dominieren Geschäftsentscheidungen, die sich am Unternehmensziel, seiner Strategie und seinen Werten zu orientieren haben. Sie stehen in unterschiedlichsten Zusammenhängen und haben Auswirkungen auf Dritte, weshalb sie entsprechend kommuniziert und gerechtfertigt werden müssen. Dies verleiht Entscheidungen eine ganz andere Sichtbarkeit und befrachtet sie natürlich auch mit einer ganz anderen Dimension persönlicher Verantwortung.

Viele Berufsanfänger sind mit dieser Situation schlichtweg überfordert, zumal, wenn sie in einem global operierenden Unternehmen tätig und daher mit zusätzlichen Komplikationen und Herausforderungen auf internationaler Ebene konfrontiert sind. Alles andere wäre auch eine Überraschung. Es sei ihnen daher zunächst zweierlei gesagt: Erstens, es gibt es keinen Grund, in Panik zu verfallen und Angst vor Entscheidungen zu entwickeln, man sollte sich vielmehr darauf konzentrieren und darüber freuen, dass man in einer Position ist, in der man entscheiden darf oder zu Entscheidungen beitragen kann und damit große Gestaltungsmöglichkeiten hat. Zweitens, unternehmerisches Entscheiden ist erlernbar und zwar ohne dass man dafür unzählige teure Kurse und Seminare besucht, die häufig von „Theoretikern" abgehalten werden, die nie in einem großen Unternehmen gearbeitet und nie eine Unternehmensentscheidung getroffen haben und diesen Mangel an eigener Erfahrung durch die Verbreitung von angelesenen Wissen und der Literatur entnommenen Managementlehren oder besondere Eloquenz kompensieren. Eines aber sollte klar sein: Wer die unternehmerischen Entscheidungsprozesse nicht beherrscht, wird als Führungskraft scheitern.

Die wichtigste Frage, die ein Einsteiger zunächst klären sollte, betrifft die mit seiner Position im Unternehmen verbundene Entscheidungskompetenz und -verantwortung. Prinzipiell lassen sich in diesem Zusammenhang drei Entscheidungssituationen unterscheiden:

1. *Geschäftsentscheidungen in eigener Kompetenz und Verantwortung*
    In der Regel sollte sich dieser Bereich aus der Stellenbeschreibung und der Zielvereinbarung oder den Jahreszielen ergeben. Dabei wird sich das Vorgehen an

den im Unternehmen bestehenden Delegationen (formalisierten Konzepten der Arbeitsteilung) und den internen Leit- bzw. Richtlinien (der „Policy") orientieren.

2. *Komplexe Entscheidungen und Entscheidungsprozesse, bei denen man als Führungskraft im Zusammenwirken mit anderen einen Teilbeitrag zu einer Entscheidung zu leisten hat und somit ebenfalls persönlich an ihr beteiligt ist*
Dieser Bereich definiert sich ebenfalls über die Verteilung (Delegation) von Aufgaben und Kompetenzen im Unternehmen und kann breit gefächert sein, d. h. etwa strategische, fachspezifische oder personelle Fragen betreffen. Der geforderte Beitrag kann sich dabei auf eine Stellungnahme zur betreffenden Frage bzw. eine Situationseinschätzung beschränken. Er kann aber auch in der Mitarbeit in einem größeren, möglicherweise globalen und von Consultants unterstützten Team bestehen, das Handlungsoptionen erarbeitet, die verschiedenen Gremien, z. B. Review Boards oder Steering Committees, zur Begutachtung bzw. Entscheidung vorgestellt werden sollen. Wie bereits in Kapitel 8 erwähnt, stellt die Mitarbeit in solchen Teams für junge Führungskräfte eine große Chance dar, bereits in frühen Phasen ihrer Unternehmenskarriere Entwicklungen von zum Teil großer Bedeutung wesentlich mitzubeeinflussen.

3. *Übergeordnete Entscheidungen und Entscheidungsprozesse, in die man in seiner Rolle als Führungskraft nicht einbezogen ist, die einen aber in ihren Auswirkungen betreffen*
Hier ist eine grundsätzlich loyale Grundhaltung gegenüber getroffenen Entscheidungen zu empfehlen. Dennoch ist es völlig legitim, sich die Frage zu stellen, ob man auf Entscheidungsprozesse im Sinne eines „Leadership by Influence" unter Einschaltung seiner Netzwerke Einfluss nehmen kann. Denn natürlich gibt es Entscheidungen, die nicht in der eigenen Kompetenz liegen, aber die Möglichkeiten zur Erfüllung der eigenen Aufgaben durchaus erheblich beeinflussen. Es wäre naiv, in diesem Zusammenhang die Einflussnahme über Netzwerke zu unterschätzen, allerdings muss man, um über diese Kanäle erfolgreich zu sein, die handelnden Personen und informellen Wege sehr genau kennen. Dem Berufseinsteiger empfiehlt sich daher diesbezüglich zunächst Zurückhaltung, denn ein solches Vorgehen birgt immer ein gewisses Risiko, das man gegen den möglichen Nutzen abwägen muss. Grundsätzlich sollte man sich dabei von Sachanliegen leiten lassen, die etwa Investitionen, Arbeitsprozesse oder personelle Ressourcen betreffen. „Politik in eigener Sache" zahlt sich in einem Unternehmen langfristig nicht aus.

Zusammenfassend lässt sich also festhalten, dass in einem Unternehmen nur begrenzte Möglichkeiten bestehen, durch eigene Entscheidungen frei und autark zu gestalten (selbst, wenn sie bestehen, wird die Entwicklung und Durchsetzung eigener Ideen häufig dadurch eingeschränkt, dass man viel zu sehr vom Tagesgeschäft absorbiert wird). In den meisten Fällen, insbesondere bei strategischen Fragestellungen, kann man im Rahmen eines übergeordneten Prozesse nur einen Teilbeitrag zu Entscheidung leisten und an manchen dieser Prozesse ist man persönlich gar nicht unmittelbar beteiligt. Die spannende Frage lautet demnach, wie kann ich in all diesen Konstellationen verantwortungsvoll zur Entscheidungsfindung beitragen oder diese beeinflussen, um am Ende eine gute und richtige Entscheidung zu erreichen. Eine gute Führungskraft muss sich Wege hierzu erschließen.

Ein klares Verständnis der eigenen Möglichkeiten und Grenzen, Entscheidungsprozesse im Unternehmen zu beeinflussen, sollte es erleichtern, mit der Fülle von Fragestellungen und Entscheidungen umzugehen, mit denen der Berufseinsteiger vom ersten Tag nach seinem Eintritt in die Wirtschaft zusätzlich zu den noch einigermaßen vertrauten Fachentscheidungen konfrontiert wird. Dazu gehören beispielsweise:

- Strategische Unternehmensentscheidungen
- Standortentscheidungen
- Portfolioentscheidungen
- Projektentscheidungen
- Budget- und Investitionsentscheidungen
- Entscheidungen zur Bewältigung akuter Krisensituationen
- Personalentscheidungen

Entscheidungsprozesse

Viele Entscheidungen können nicht auf individueller Ebene getroffen werden, da sie sich signifikant auf die gesamte Unternehmensentwicklung auswirken und etwa das Geschäft, die Arbeitsprozesse oder den Personalbestand betreffen. Ihre Herbeiführung erfordert daher übergreifende Entscheidungsprozesse, die bestimmten Regeln folgen. Diese Prozesse sind in verschiedenen Unternehmen in unterschiedlichem Maß formalisiert, müssen aber in jedem Fall einer Reihe von elementaren Aspekten Rechnung tragen.

Ein solcher Gesichtspunkt betrifft das Prinzip der Delegation von Verantwortung im Unternehmen. Wenn dies keine Worthülse sein soll, dann bedeutet das, dass auch die entsprechende Entscheidungskompetenz delegiert werden muss und zwar in geregelter Weise. Denn es kann nicht sein, dass unangenehmen Entscheidungen je nach Belieben und Hierarchieebene von oben nach unten oder unten nach oben verschoben werden.

Deshalb sollten die Verantwortlichkeiten bei verschiedenen Entscheidungsprozessen, z. B. entlang einer Wertschöpfungskette, klar geregelt und unternehmensweit kommuniziert sein. Es hat sich als zweckmäßig erwiesen, die innerhalb eines bestimmten Prozesses anstehenden Entscheidungen und die an der Entscheidungsfindung Beteiligten, einschließlich ihrer Rolle und Kompetenz, in einer Entscheidungsmatrix festzuhalten. Diese sollte auch beinhalten, wer zu informieren ist, wer gehört werden muss und wer letztendlich die Entscheidung zu genehmigen und zu verantworten hat. Solche Darstellungen schaffen bei allen Beteiligten Klarheit. Sie mindern dadurch Konfliktrisiken, die sich etwa aus unterschiedlichen Interessenslagen von Fachabteilungen oder, insbesondere bei global operierenden Firmen, aus der Interferenz von Standortinteressen und globalen Funktionsinteressen ergeben können. Der Aufbau solcher Matrizes, die die Komplexität und den Aufwand von Entscheidungsprozessen deutlich vor Augen führen, kann dabei unter verschiedenen Betrachtungsweisen erfolgen, wie in Tabelle 10.1 und Tabelle 10.2 dargestellt. In beiden Darstellungen haben die einzelnen Beteiligten die gleichen Kompetenzen, es ergibt sich dabei aber eine unterschiedliche Betonung der im Zentrum des Prozesses stehenden Elemente.

Tab. 10.1: Entscheidungsmatrix I – Hypothetische Entscheidungen

Entscheidung	Vorschlag	Entscheidung	Genehmigung	Information
A	Teammitglied/ Experte	Team	–	Fachabteilungen
B	Experte	Gruppenleiter	Abteilungsleiter	Teams
C	Team	Project Review Committee	–	Vorstand
D	Abteilungsleiter	Bereichsleitung	Vorstand	Organisation
E				

Tab. 10.2: Entscheidungsmatrix II – Hypothetische Entscheidungen

Org.ebene	Teammitglied/ Experte	Experte	Team	Gruppenleiter	Abteil.-leiter/ Abteil.	Project Review Committee	Bereichsleitung	Vorstand
Entscheidung								
A	Vorschlagen		Entscheiden		Informieren			
B		Vorschlagen	Informieren	Entscheiden	Genehmigen			
C			Vorschlagen			Entscheiden		Informieren
D					Vorschlagen		Entscheiden	Genehmigung
E								

Neben dieser Darstellung über Matrizes, sollten die Regeln, Prozesse, Kompetenzen und Verantwortungen im Zusammenhang mit Entscheidungsfindungen am besten auch schriftlich in klarer Form festgehalten werden. Dies gilt insbesondere für die Einbeziehung von Teams in Entscheidungsprozesse. Da es sich bei Teams, wie bereits in Kapitel 7 hervorgehoben, um vorübergehende organisatorische Einheiten handelt, laufen sie leicht Gefahr, in interne Widersprüche verwickelt und Ambiguitäten ausgesetzt zu werden, wenn ihre Kompetenzen nicht eindeutig definiert sind. Dies kann zum totalen Produktivitätsverlust führen.

Welche Problemstellungen kommen auf individuelle Führungskräfte im Rahmen derart organisierter Entscheidungsprozesse zu und woran können sie sich dabei orientieren?

Zunächst sollten sie sich sehr bewusst die Frage stellen, was wirklich entschieden werden muss. Viele unternehmerische Entscheidungen ergeben sich aus dem laufenden Geschäftsprozess und brauchen in der Routine des Tagesgeschäfts eigentlich nur abgesegnet („approved") zu werden. Man beobachtet aber häufig den Versuch, auch Entscheidungen in Routineangelegenheiten über Gremien herbeizuführen, um persönliche Konfrontationen zu vermeiden und die Verantwortung auf ein Kollektiv „abzuschieben". Sofern man als Führungskraft Vorsitzender eines solchen Gremiums ist, sollte man dieser Tendenz entgegenwirken und nur solche Entscheidungen auf die Tagesordnung setzen, die in der Tat durch das Gremium herbeizuführen und zu verantworten sind.

Im Zentrum jeder komplexeren Entscheidungsfindung stehen natürlich die Berücksichtigung aller entscheidungsrelevanten Faktoren und die Beibringung verlässlicher Informationen dazu. Dieses Thema wurde bereits bei der Erörterung strategischer Entscheidungsprozesse (Kapitel 8) ausführlicher behandelt. Wesentliche diesbezüglich zu beachtenden Aspekte seien daher hier nur noch einmal kurz zusammengefasst.

Grundsätzlich sollten alle Entscheidungen an der Strategie der Firma und damit den damit verbundenen Jahreszielen orientiert sein. In diesem Zusammenhang sind einerseits die Ausgangssituation und andererseits der Handlungsbedarf zu beschreiben und darzulegen, mit welchen Mitteln und welchem Gesamtaufwand das jeweils vorgegebene Ziel innerhalb welcher Fristen zu erreichen ist. Auf der Basis einer sorgfältigen Bestandsaufnahme und Datenaufbereitung, die ggf. auch eine Konkurrenzanalyse beinhaltet, sollten dann verschiedene Handlungsoptionen entwickelt, über SWOT-Analysen bewertet und mit entsprechender Empfehlung im Rahmen der vorgegebenen Prozesse und Strukturen (siehe Entscheidungsmatrizes, Tabelle 10.1 und 10.2) zur Entscheidung gestellt werden. Zu einer derartigen Entscheidungsvorbereitung gehören natürlich auch die Benennung von möglichen Risiken und Implementierungshürden, die Berücksichtigung der (von Berufseinsteigern häufig übersehenen) Frage, ob der Betriebsrat einzubeziehen ist, sowie die Definition spezifischer Parameter und Kriterien, an denen der Erfolg einer bestimmten Entscheidung gemessen werden kann.

Eng mit dem Prozess der Entscheidungsfindung verbunden ist die Frage des richtigen Zeitpunkts für Entscheidungen. Dieser muss sachbezogen gewählt werden und man sollte sich dabei nicht von der „Organisation" oder den Stakeholdern zu vorzeitigem Handeln drängen lassen, die nach dem Motto „Hauptsache eine Entscheidung" nahezu immer Druck entwickeln. Manchmal ist der Zeitpunkt für eine abschließende Meinung und Entscheidung eben noch nicht reif, weil Daten fehlen oder bestimmte Entwicklungen noch abgewartet werden müssen. Ein daraus resultierendes Dilemma zwischen Entscheidungsdruck und seriöser Entscheidungsfindung ist nicht zu aufzulösen, aber man sollte versuchen, ihm durch gute Kommunikation und nicht durch „Schnellschüsse" zu begegnen. Letzteres würde weder der Sache noch der eigenen Verantwortung gerecht. Dass man in solchen Situationen gute Nerven und gesundes Selbstbewusstsein braucht, um mit unvermeidlichen Gerüchten und Fehlinformationen sowie dem Aufbau politischen Drucks umzugehen, braucht nicht eigens betont zu werden. Eines sollte man sich dabei aber auch in der Zeit der aussterbenden Alpha-Tiere und einsamen Entscheidungen vergegenwärtigen: Man ist am Ende mit seiner Entscheidung – ob gut, schlecht, richtig oder falsch – immer alleine und deshalb hat man auch das Recht, den Prozess und den Entscheidungszeitpunkt zu bestimmen.

Wenn der richtige Zeitpunkt gekommen ist, dann sollte man sich allerdings nicht vor Entscheidungen drücken oder im Falle innerbetrieblicher Rivalitäten stromlinienförmig nach dem Motto „smooth and avoid" eine Art von Appeasement-Politik betreiben. In solchen Fällen hat sich Geradlinigkeit nach dem Prinzip „confront and solve" bewährt. Diese Haltung sollte allerdings nicht mit genereller Kompromisslosigkeit verwechselt werden. Im Gegenteil, wenn Entscheidungen zahlreiche Stakeholderinteressen berühren und z. B. Betriebsratsverhandlungen zwingend erforderlich machen, dann sollte man sich schon im Laufe der Entscheidungsfindung klar vor Augen führen, was im „worst case" zu erwarten ist, ob tragfähige Kompromisse zu erreichen sind und wie diese am Ende der Verhandlungen aussehen könnten. Dass es empfehlenswert ist, gegebenenfalls einen „Plan B" in der Schublade zu haben, braucht nicht eigens betont zu werden.

Ein weiterer Aspekt, über den man sich im Klaren sein sollte, wenn man Entscheidungsverantwortung trägt, betrifft das mit jeder Entscheidung unvermeidlich verbundene Risiko einer Fehleinschätzung. Dieses Risiko lässt sich auch bei bestem Bemühen um gründliche Analyse aller relevanten Faktoren allenfalls reduzieren, aber nie vollständig eliminieren. Und es steigt natürlich, wenn Entscheidungen aufgrund akuter Gegebenheiten (veränderte Konkurrenzlage, ökonomischer Druck, etc.) getroffen werden müssen, ohne dass alle Daten zur Verfügung stehen. Denn dann müssen sie zwangsläufig, zumindest in Teilen, auf bestimmten Annahmen und Erfahrungswerten beruhen.

Typische Entscheidungssituationen und die damit verbundenen unterschiedlichen Unsicherheiten und Risiken werden in einem auf strategisches Management bezogenen Beitrag anschaulich illustriert [24] (Abbildung 10.1). Während das Entscheiden im Fall eines offensichtlichen Trends kaum ein Problem darstellt, steigt das

Unwohlsein der verantwortlichen Führungskraft, wenn Entscheidungen in einer Situation völliger Unbestimmtheit getroffen werden sollen. Unabhängig von der Frage, ob in Situationen höchster Unsicherheit überhaupt entschieden werden soll oder muss, führt diese Abbildung deutlich vor Augen, dass Führungskräfte in nahezu jeder Entscheidungssituation mit einer gewissen Unsicherheit umgehen müssen. Diese Unsicherheit nimmt zu, wenn es bei Entscheidungen um langfristige Perspektiven des Unternehmens geht, da diese zwangsläufig in hohem Maße auf Wahrscheinlichkeitsannahmen unter Berücksichtigung aktueller Megatrends beruhen müssen.

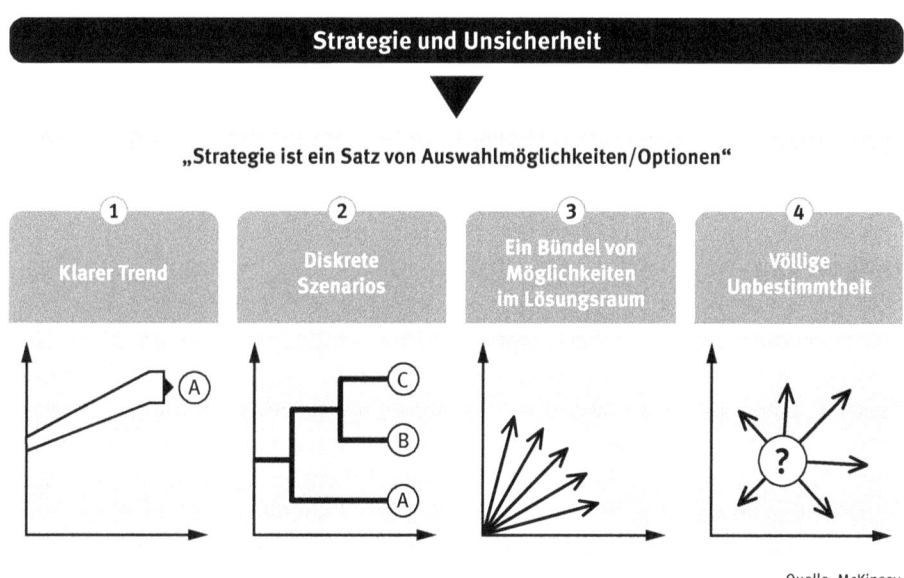

Abb. 10.1: Strategie und Unsicherheit nach [24]. Dargestellt sind vier prinzipielle Entscheidungssituationen die von zunehmender Unsicherheit gekennzeichnet sind.

Angesichts dieser Unsicherheiten ist es durchaus ratsam, neben der systematischen Analyse der Situation, wie sie unbedingt geboten ist, auch Raum für spontane und möglicherweise unkonventionelle Ideen („think out of the box") zu lassen und die Dinge unter einem vielleicht völlig neuen Blickwinkel zu betrachten. Denn eines steht in jedem Falle fest: Denken ist billig im Vergleich zu den Auswirkungen von Fehlentscheidungen. Bei jeder Entscheidungsfindung muss im Übrigen stets das eigene Gewissen die höchste Instanz bleiben, vor allem auch wenn man sich die unbedingt zu beantwortende Frage stellt „Wie würde ich entscheiden, wenn es meine eigene Firma und mein eigenes Geld wäre?".

Abschließend und durchaus in Zusammenhang mit Gewissensfragen sei noch der Punkt angesprochen, ob es gut oder schlecht ist, als Führungskraft großen emotionalen Anteil an den Konsequenzen von Entscheidungen zu nehmen. Eine „verbindliche" Empfehlung zum Umgang mit diesem Thema kann aufgrund großer diesbezüglich bestehender Ambivalenzen nicht gegeben werden. Diese werden besonders deutlich, wenn es um individuelle Personalentscheidungen oder generell um Personalabbau geht. Wie würde einerseits die Kultur einer Firma aussehen, bei der die Führungskräfte schwierige Personalentscheidungen eiskalt und ohne jede Emotionen treffen? Ändert sich andererseits aber tatsächlich die objektive Situation für einen Betroffenen, wenn er von einem „Menschenversteher" entlassen wird? Hier muss man als Führungskraft das einem persönlich entsprechende, aber auch für einen selbst tragbare Maß (siehe Kapitel 4, Selbstmanagement) finden. Letztendlich sollte man sich aber im Klaren darüber sein, dass es für eine Führungskraft immer wieder Situationen geben wird, in denen ein entschiedenes Führen auch harte Entscheidungen verlangt. Manchmal ist dann bei aller Bereitschaft zur Anteilnahme nicht mehr zu erreichen, als dass einem bescheinigt wird, die Entscheidung sei „hart aber fair" gewesen.

Umsetzung

Bei aller Bedeutung, die der sorgfältigen Herbeiführung von Entscheidungen zukommt, auch die beste Entscheidung bleibt wertlos, wenn es an der Umsetzung mangelt. Dabei gibt es je nach Tragweite einer Entscheidung natürlich eine große Bandbreite von Umsetzungsprozessen, die von relativ knappen Anweisungen („just do it") bis hin zur Ausarbeitung detaillierter Implementierungspläne reichen kann. Entscheidungen von unternehmensweiter Bedeutung sollten in jedem Fall mit einer klaren Umsetzungsstrategie verbunden sein. Diese sollte die im Verlauf des Entscheidungsprozesses zutage getretene Implementierungshürden und die eventuelle Notwendigkeit eines Veränderungsmanagements („Change Management"), wie bereits in Kapitel 8 erörtert, einbeziehen. In vielen Zusammenhängen hat es sich auch bewährt, mit Pilotprojekten voranzugehen. Wenn diese ein messbar positives Ergebnis zeitigen, hat man alle Argumente zur flächendeckenden Umsetzung auf seiner Seite. Bei negativem Ausgang muss unter Umständen die ursprüngliche Entscheidung selbst in Frage gestellt werden. In jedem Fall müssen auf der Grundlage der beim Pilotprojekt gesammelten Erfahrungen (der „Lessons Learned") Umsetzungsfehler revidiert und durch alternative Vorgehensweisen ersetzt werden.

Eine äußerst wirksame Methode zur Umsetzung von weitreichenden Entscheidungen mit signifikanter Auswirkung besteht darin, die Implementierung zum Gegenstand von Zielsetzungsprozessen und Zielvereinbarungen („Management by Objectives") zu machen, wie sie in Kapitel 9 vorgestellt wurden, und auch die dort beschriebenen Instrumente der Erfolgsbewertung und -honorierung einzusetzen. So hat es außerordentlich hilfreiche katalytische Wirkung und große Motivationskraft, Jahresprämien oder Boni von der erfolgreichen Umsetzung von Entscheidungen abhängig zu machen. Das ist besonders dann zu empfehlen, wenn eine Synchronisation von Aktivitäten verschiedener Abteilungen notwendig ist.

Kommunikation

Die Herbeiführung und Umsetzung unternehmensrelevanter Entscheidungen ist immer mit intensiven Kommunikationsprozessen verbunden. Dies betrifft zum einen kommunikative Vorgänge, die auf die Entscheidungsfindung selbst bezogen sind und z. B. die Analyse von Ausgangssituation, die Datenlage oder strategische Optionen und mögliche Auswirkungen ihrer Realisierung zum Gegenstand haben. Zum anderen müssen natürlich, wie bereits in Kapitel 8 angesprochen, die Entscheidungen selbst und Maßnahmen zu ihrer Implementierung und zur Kontrolle des Umsetzungserfolgs kommuniziert werden. Dies erfordert in komplexeren Zusammenhängen die Ausarbeitung einer spezifischen Kommunikationsstrategie. Stakeholder und andere von der Entscheidung Betroffene müssen so früh wie möglich einbezogen werden, um sie zu informieren und zudem frühzeitig Unterstützung für die Entscheidung sicherzustellen. Selbstverständlich muss auch gesichert sein, dass der Betriebsrat, wo immer notwendig, adäquat informiert und einbezogen wird. Der Autor kann aus persönlicher Erfahrung nur raten, dem letztgenannten Aspekt große Beachtung zu schenken und ein gutes Verhältnis zum Betriebsrat aufzubauen. Denn beide, Führungskräfte und Betriebsrat, haben ein vitales Interesse daran, dass es dem Unternehmen gut geht – dies entspricht zumindest der in Deutschland bestehenden Tradition. Daher kann manche unnötige Auseinandersetzung vermieden werden, wenn man einen konstruktiven Dialog mit dem Betriebsrat führt und ihn transparent über die Hintergründe einer Entscheidung und die damit verbundenen Herausforderungen informiert.

Darüber hinaus muss der Kommunikationsprozess natürlich auch im Einklang mit der allgemeinen Entscheidungskultur des Unternehmens gestaltet werden und berücksichtigen, ob Entscheidungen gegenüber der Belegschaft üblicherweise ausführlicher erläutert und begründet oder schlicht „top down" verkündet werden. Selbstverständlich sind dabei bei global operierenden Unternehmen auch interkulturelle Unterschiede bei der Herbeiführung, Erläuterung und Umsetzung von Entscheidungen zu berücksichtigen, auf die der Kommunikationsprozess abgestimmt sein muss.

Globale Dimension – Interkulturelle Aspekte

In weltweit operierenden Unternehmen haben viele Entscheidungen eine globale Dimension. Neben einer Reihe von juristischen Aspekten, die sich aus der national jeweils unterschiedlichen Gesetzeslage ergeben, sind gleichrangig die in den jeweiligen Ländern zum Teil sehr unterschiedlichen Entscheidungsprozesse und Entscheidungskulturen zu berücksichtigen. Die Versöhnung zwischen globalen und lokalen Entscheidungsprozessen stellt dementsprechend in solchen Fällen eine besondere Herausforderung für das Management dar. Dies gilt zumal vor dem Hintergrund, dass natürlich auch in den „besten" Unternehmen mit „vorbildlicher" Corporate Identity Konkurrenz zwischen den einzelnen Standorten besteht, die sehr darauf achten, dass keine Entscheidung zu ihrem Nachteil getroffen wird. Das belastet jeden Entscheidungsprozess.

Im Hinblick auf die Umsetzung von Entscheidungen muss das Management in ganz besonderem Maße darauf achten, die Effizienz standortübergreifender Teamarbeit zu gewährleisten, denn die entsprechenden Teams bekommen natürlich die Auswirkungen der unterschiedlichen Kulturen besonders heftig zu spüren. So zeichnet sich etwa die Entscheidungskultur in einem „klassischen" deutschen Unternehmen mit einer breiten Ebene von leitenden Angestellten und einem maßgeblich von seiner Mitverantwortung für die Existenz des Unternehmens bestimmten Betriebsrat durch eine relativ hohe Grundbereitschaft beider Seiten aus, am Ende doch zu Kompromissen oder zum Konsens zu finden. Sie unterscheidet sich damit nachhaltig von der eines zentralistisch organisierten französischen Unternehmens mit einem Patron an der Spitze und einem völlig anderen Selbstverständnis der Gewerkschaften. Hier sind die über komplizierte Informations- und Konsultationsprozesse verlaufenden Abstimmungen und Verhandlungen eher von Konflikten und Dissens geprägt. Und die deutschen und französischen Entscheidungskulturen sind wieder völlig anders als etwa die eines amerikanischen Unternehmens mit Managementprozessen, die sich weitgehend ohne betriebliche Mitbestimmung aber meist hochformalisiert, nach genau definierten Verfahrensregeln und Kriterien, vollziehen. Interessant und derzeit im Hinblick auf bestimmte Charakteristika noch nicht zu beantworten ist die Frage, in welche Richtung sich chinesische oder russische Unternehmens- und Entscheidungskulturen entwickeln werden.

Interkulturelle Unterschiede, wie sie hier angesprochen werden, sind auch dann besonders zu beachten, wenn die Politik eingeschaltet oder zumindest informiert werden muss, wie das bei globale Entscheidungen von großer nationaler oder internationaler Tragweite üblicherweise der Fall ist. Hier sollte man sich vor Augen führen, dass etwa in Frankreich der Staat eine sehr aktive Industriepolitik im Sinne eines unmittelbaren gestalterischen Eingreifens in Unternehmensentscheidungen betreibt, was nicht selten dazu führt, dass Veränderungen, die aus unternehmerischer Sicht sinnvoll oder sogar überfällig sind, aus politischen Gründen unterbleiben. In Deutschland übt die Politik diesbezüglich große Zurückhaltung, was in Frankreich zwar auf völliges Unverständnis aber doch auf großes Wohlwollen stößt, wenn es um die Übernahme von deutschen Unternehmen geht.

In diesem, bei bestimmten Unternehmensentscheidungen sehr zu beachtenden Zusammenhang wird es spannend sein, ob sich eine zurückhaltende Politik angesichts der immer stärker werdenden und dirigistisch betriebenen Rolle Chinas und zunehmender globaler Krisen weiterhin durchhalten lässt, oder ob ein Paradigmenwechsel unvermeidlich wird.

Personalentscheidungen

Aufgrund seiner großen funktionalen Bedeutung, aber auch seiner besonderen Relevanz für die Kultur und Atmosphäre eines Unternehmens, sei das Thema „Personalentscheidungen", das ebenfalls eine wichtige Aufgabe des Unternehmensmanagements darstellt, zum Ausklang dieses Kapitels in einem gesonderten Abschnitt behandelt.

Wie bereits in Kapitel 1 erwähnt, werden diese Entscheidungsprozesse üblicherweise von der Personalabteilung („Human Resources", HR) organisiert, wobei auch Personalberatungen oder Assessment Center einbezogen werden können. Als Führungskraft kann man in diesem Zusammenhang gebeten werden, in einem Team mitzuarbeiten, das aus verschiedenen Bewerbern einen Kandidaten für eine Führungsposition auswählen soll. Deshalb muss man in der Lage sein eine fundierte Meinung abgeben zu können. In der Regel erfolgt die Vorstellung der Kandidaten durch Präsentation und Befragung, woran sich Einzelinterviews anschließen können. Ein Anforderungsprofil sollte vorliegen und vielleicht hat man sich schon im Vorfeld darauf verständigt, was man jeden Bewerber fragen will.

Bei einer Führungskraft kommt es nicht nur auf die fachliche Qualifikation an. Das Gesamtbild und das Profil sind mitentscheidende Größen. Wie findet man nun die richtige Person? Man kann Glück haben und alles passt so offensichtlich auf Anhieb, dass der Idealkandidat sofort gefunden ist. In der Realität wird man aber häufig mit der Situation konfrontiert, dass keine Person das Anforderungsprofil in idealer Weise erfüllt.

Im Folgenden sind als Beispiel und zur Anregung für eigene Überlegungen einige Kriterien aufgelistet, die bei der Auswahl eines Abteilungsleiters eine besondere Rolle spielen sollten. Die Begriffe stammen aus dem ins Deutsche übersetzten international verwendeten „Managementjargon":

- Bisherige Karrierestufen, Positionen, Aufgaben und Erfahrungen (einschließlich Auslandserfahrung)
- Fachkenntnisse und Leistungsbilanz („Track Record"), bezogen auf das künftige Aufgabengebiet
- Sachorientiertheit in der Aufgabenbewältigung
- Problemlösungsverhalten, insbesondere auch in Krisensituationen
- Eingebundenheit in Netzwerke, Kontakte zu „Opinion Leadern" und Ansehen in der „Community"
- Fähigkeit zu strategischem Denken und zur Entwicklung von Visionen
- Vortragsstil, Begeisterungsfähigkeit, Charisma

- Auftreten und Wirkung auf Mitarbeiter, Kunden und Stakeholder
- Balance von Leadership- und Managementqualitäten
- Führungsstil (Verweilzeit von Mitarbeitern in der Umgebung des Kandidaten)
- Wertebewusstsein
- Befähigung zu rascher Einarbeitung
- Interner oder externer Bewerber

Grundsätzlich sollte bei den in solchen Gesprächen erteilten Auskünften und Selbsteinschätzungen der Bewerber immer nach Beispielen gefragt werden. Beispiele sagen mehr als theoretische Abhandlungen und schöne Worte.

Was den letztgenannten Begriff (interner oder externer Bewerber) betrifft, so kann man normalerweise davon ausgehen, dass Unternehmen eine gezielte Entwicklung ihrer Führungskräfte betreiben und ein System der Nachfolgeplanung („Succession Planning") mit entsprechenden Trainingsprogrammen zur Herausbildung von Leadership-Profilen installiert haben. Demzufolge sollten grundsätzlich für alle neu zu besetzenden Führungspositionen auch geeignete interne Kandidaten zur Verfügung stehen bzw. in Betracht gezogen werden, was wiederum ein hervorragendes Motivationsinstrument darstellt, um Führungskräfte zu aktiver interner Weiterentwicklung anzuregen. In der Realität zeigt sich aber häufig, dass die interne Personaldecke dennoch dünn ist und daher zwangsläufig Kandidaten von außen berücksichtigt werden müssen. Das ist prinzipiell kein Problem und insbesondere dann naheliegend, wenn neue Fähigkeiten ins Unternehmen gebracht werden müssen oder ein personeller Neuanfang notwendig ist.

Wenn allerdings externe Kandidaten notorisch bevorzugt werden oder bei der Auswahl interner Kandidaten offensichtlich „willkürliche Entscheidungen von oben" getroffen werden, ohne dass die entsprechenden Personalentwicklungen nachvollzogen werden können, kann sich dies sehr demotivierend auf interne Führungskräfte mit entsprechend negativen Folgen für die Führungskultur des Unternehmens auswirken. Auch dieser Aspekt sollte daher bei der Besetzung von Führungspositionen gebührend berücksichtigt werden.

Um den vielen bei der Positionsbesetzung zu bedenkenden Facetten gerecht zu werden, ist die Einholung und sorgfältige Abwägung möglichst vieler Meinungen zu einem Kandidaten nachdrücklich zu empfehlen, wobei sich auch in diesem Zusammenhang SWOT-Analysen sehr bewährt haben.

Praktische Hinweise

Im soeben angesprochenen wie auch in allgemeinen Zusammenhängen sollen zum Abschluss des komplexen Themas „Entscheiden" noch einige praktischen Hinweise für den „Alltag" gegeben werden:

- Grundsätzlich sollte man jede Entscheidung ernst nehmen und in all ihren Auswirkungen, so gut einem dies möglich ist, bedenken. Dazu gehört auch, sich in die Lage der Betroffenen zu versetzen und die Entscheidung auch aus deren Blickwinkel zu beleuchten. Eine kritische Selbstreflexion ist unbedingt erforderlich, denn man sollte schon mit sich im Reinen sein, ob man wirklich hinter einer Entscheidung steht. Aussagen wie „ich bin ja eigentlich auch nicht dafür" oder „die da oben wollen es so" sind allerdings völlig deplatziert. Man ist Führungskraft und als leitender Angestellter vertritt man „die da oben".
- Die Verantwortung für eine Entscheidung kann und darf nicht abgeschoben werden, auch wenn sie unangenehm ist. Es muss dabei klar sein, dass mit jeder Entscheidung auch ein persönliches Risiko verbunden ist, denn Fehlentscheidungen werden sofort mit den verantwortlichen Personen in Verbindung gebracht. Diesem Risiko sollte man aber nicht mit Angst, sondern mit Selbstvertrauen und der Freude an einem faszinierenden Beruf begegnen, der einem vielfältige Gestaltungsmöglichkeiten und die Chance bietet, zum Erfolg einzelner Projekte und des gesamten Unternehmens beizutragen.
- Um sich dieser Chancen nicht zu berauben, sollte man bei allen Entscheidungen darauf achten, das ihre Herbeiführung, Kommunikation und Umsetzung in strikter Übereinstimmung („Compliance") mit gesetzlich und unternehmensintern vorgegebenen Richtlinien stehen. Dabei sollte man sich bewusst sein, dass selbst eine Banalität im täglichen Leben, wie die Buchung einer bestimmten Flug- oder Bahnklasse oder sogar eine einfache Taxifahrt, bei „falscher" nicht regelkonformer Entscheidung in bestimmten Unternehmen, insbesondere öffentlichen, eindringliche Nachfragen zur Compliance auslösen und umfängliche Begründungen nach sich ziehen können.
- Neben dem Bemühen um methodische Systematik bei Entscheidungsprozessen unter Nutzung entsprechender Managementwerkzeuge sollte man durchaus auch auf seinen gesunden Menschenverstand vertrauen, Raum für die Einbeziehung spontaner und unkonventionelle Vorschläge in die Entscheidungsfindung lassen und bisweilen einen Schritt zurücktreten, um das Ganze aus einer etwas distanzierteren Sicht zu betrachten. Um die Bodenhaftung nicht zu verlieren, ist es zudem immer hilfreich, sich zu fragen, ob man so mit seinem eigenen Geld umgehen würde.

Bei aller Fokussierung auf Geschäftsentscheidungen sollten Entscheidungen zur persönlichen Lebensgestaltung nicht vergessen oder vernachlässigt werden. Dies betrifft die berufliche Laufbahn ebenso wie das private Umfeld und die bewusste Gestaltung einer gesunden „Work-Life Balance".

11. Management und Leadership – Eine komplexe Beziehung

Die Beziehung zwischen Management und Führungsrolle („Leadership") und ihre Bedeutung für Unternehmenserfolg ist Gegenstand intensiver und kontroverser Diskussionen, die sich in einer unüberschaubaren Zahl zum Teil sehr „meinungsstarker" Publikationen niedergeschlagen haben, in denen bisweilen extrem unterschiedliche Positionen bezogen werden. Während viele Autoren die Ansicht vertreten, dass Management und Leadership sich gegenseitig durchdringen, gibt es eine nicht weniger beachtliche Zahl, die Management und Leadership völlig voneinander trennt und sie als Gegensätze beschreibt. Eine dritte, weit verbreitete Sichtweise betont, dass Leadership keinesfalls nur eine Sache des Topmanagements sei (dort allerdings in bester Qualität erwartet werden dürfe), sondern auf nahezu allen Ebenen des Unternehmens stattfände, wobei sich viele tüchtige Mitarbeiter auch in sogenannten „niedrigen" Hierarchiestufen als gute Leader erwiesen. Hier wird also die unmittelbare Verbindung von Management und Führung teilweise bestätigt, teilweise aber auch aufgehoben. Um in diesem diffusen Meinungsfeld, das noch von Parolen wie „wir brauchen weder Manager noch Leader, wir brauchen Unternehmer" garniert wird, Orientierung zu bieten, verlegen sich wiederum eine Reihe von Autoren auf das bewährte Rezept, die Kontroverse durch beispielhaften Bezug auf charismatische Führungsfiguren aus verschiedenen Epochen und Gesellschaftsbereichen (Politik, Wirtschaft, Sport etc.) zu lösen, häufig verbunden mit extensivem Personenkult.

Welche Konsequenzen soll nun der Berufseinsteiger, der gerade die akademische Welt verlassen hat, in der präzise wissenschaftliche Befunde und darauf gründende Publikationen die Währung sind, aus dieser komplexen und widersprüchlichen Meinungslage ziehen?

Eine der ersten und vielleicht etwas banal wirkenden Schlussfolgerungen besteht darin, dass die mit „Management" und „Leadership" verbundenen Eigenschaften zwar offensichtlich theroretisch-konzeptionell voneinander zu trennen, aber von untrennbarer Bedeutung für den Erfolg eines Unternehmens sind. Von dort ist es nur noch ein kleiner Schritt bis zu der mit einigem gesunden Menschenverstand zu ziehenden Schlussfolgerung, dass eine mit hervorgehobener Verantwortung für das Unternehmen ausgestattete Kraft Eigenschaften, die beiden Rollen zugewiesen werden, in sich vereinigen sollte. Management und Leadership sollten also keine Gegensätze sein, sondern sich idealerweise gegenseitig durchdringen.

Im Rahmen dieses Buches soll die Situation daher nicht durch theoretische Überlegungen weiter verkompliziert werden. Vielmehr sollen dem Einsteiger zur Orientierung einige praktische Hinweise gegeben werden, um sich selbst ein Urteil bilden, seine eigenen Fähigkeiten und Neigungen klarer bestimmen und das eigene Verhalten und die damit verbundene Wirkung kritisch reflektieren zu können. Zudem sollen praktische Konsequenzen vermittelt werden, die sich aus der theoretisch möglichen und bisweilen auch vollzogenen Trennung der mit Management und Leadership verbundenen Eigenschaften ergeben können.

Um dies zu erreichen, sei zunächst in einer pointierten und bewusst klischeehaften Darstellung das auch international weit verbreitete Verständnis beider Rollen beschrieben, bei dem zwei extreme Prototypen unterschieden werden.

Demzufolge ist der Begriff des Leaders dem charismatischen Visionär und „Alphatier" zuordnen. Ein Leader gibt die Richtung vor und zeichnet sich durch große Risiko- und Entscheidungsbereitschaft, die permanente Hinterfragung des Status quo und das rastlose Streben nach Veränderung aus. Mit diesen Eigenschaften korrespondieren eine gewisse Rücksichtslosigkeit gegenüber dem Bestehenden, geringe Teamfähigkeit und eine ausgeprägte Distanz zur Umwelt. Soziale Kompetenz ist nicht unbedingt das Markenzeichen eines Leaders.

Dem steht als klischeehafter Kontrapunkt die Ansicht gegenüber, einem Manager komme im Wesentlichen eine typisch ausführenden Rolle zu, bei der es um die Umsetzung der Visionen des Leaders in praktisches Handeln geht. Ein guter Manager wäre dementsprechend auf Sachaufgaben konzentriert und würde sich bei deren Erledigung durch Verhandlungsgeschick, und die Fähigkeit auszeichnen, pragmatische Lösungen herbeizuführen und Schadensbegrenzung betreiben zu können. Seine charakteristischen Eigenschaften bestehen demzufolge in einem einen hohen Identifikationsgrad mit der Firma, ausgeprägter Teamfähigkeit und sozialer Kompetenz. Er repräsentiert somit die „systemtragende" Führungskomponente, die, mit der Neigung zur Ordnungsmäßigkeit bis hin zur Bürokratie, auf Einhaltung der Regeln bedacht ist, kurzum eine Persönlichkeitsstruktur, deren Stärken im Bereich der Administration liegen.

Spielt man diese Klischees am Beispiel „Strategieentwicklung" durch, so würde man dem Leader die Entwicklung der Vision und deren Verkündigung zuordnen sowie die Kommunikation globaler Gegebenheiten und Perspektiven. Darauf bezogene Veränderungen der Organisation würden ebenfalls primär von ihm angestoßen. Dem Manager käme dagegen die praktische Umsetzung innerhalb der Organisation zu. Er würde die Implementierungspläne erarbeiten und kommunizieren, gegebenenfalls mit dem Betriebsrat verhandeln, die Ziele formulieren und für die Messbarkeit des Umsetzungserfolgs sorgen. Dieses Beispiel illustriert eine Gefahr, die in einer derartig klischeehaften Unterscheidung liegt, da sie nicht selten mit Wertungen verbunden wird, bei denen Leadership zum faszinierenden und kreativen Maß aller Dinge gerät, während man Management der eher biederen und mit Verwaltung und Bürokratie einhergehenden Erledigung von Sachaufgaben zuordnet.

Man erntet aber sicher viel Zustimmung, wenn man feststellt, dass diese Kategorisierung, bei der Management und Leadership mit völlig unterschiedlichen Rollen und geradezu gegensätzlichen Profilen und Charaktereigenschaften verbunden werden, nicht von großer Wirklichkeitsnähe und praktischem Wert ist. In der Realität würden Personen, die nur die Extreme verkörpern, sehr bald an Grenzen stoßen. Tatsächlich wird die Fragwürdigkeit einer funktionalen Trennung zwischen Management und Leadership, wie sie auf die beschriebene Weise vorgenommen wird, vor allem aber auch die völlige Willkür der dabei gezogenen Trennlinien, schon alleine deutlich, wenn man sich die Bedeutungen vor Augen führt, die beiden Begriffen im allgemeinen englischen und deutschen Sprachgebrauch zugewiesen werden. So werden beide Begriffe im englischen bzw. im internationalen Sprachraum zum Teil unmittelbar synonym verwendet. Zudem werden ihnen eine Fülle identisch verwendeter Synonyme, wie etwa Director, Chief, Boss, Officer, Executor oder Administrator zugeordnet, deren teilweise sehr unterschiedliche Konnotation eine große funktionale Bandbreite umfasst. Ähnlich vielfältige und überlappende Bedeutungen finden sich auch im Deutschen. So schließt das Spektrum der Übersetzungen und Synonyme des Wortes „Manager" Begriffe wie Leiter, Abteilungsleiter, Betriebsleiter, leitender Angestellter, Geschäftsleiter, Vorstandsmitglied und Führungskraft ein. Dennoch ist es leider eine Tatsache, dass z. B. bestimmte Personalberatungen relativ strikt zwischen Manager- und Leadertypen unterscheiden und ihnen konsequent unterschiedliche Profile zuordnen. Dies kann bei der Auswahl von Führungskräften für bestimmte Positionen eine wichtige Rolle spielen und bei Unternehmensfusionen („Mergern"), bei denen hierfür jeweils zwei Personen zur Auswahl stehen, zu einer Existenzfrage werden.

Unabhängig von allen Zweifeln an einer derart strikten Trennung der mit Management und Leadership verbundenen Aufgaben und Profile und den damit verbundenen Konsequenzen, ist aber auch anzuerkennen, dass bestimmte in beiden Zusammenhängen geforderte und idealerweise zu verbindende Eigenschaften individuell unterschiedlich ausgeprägt sind. Unternehmen definieren deshalb je nach Position und Aufgabe spezifische Leadership- und Managementprofile, in denen diese Eigenschaften gewichtet werden. Daraus leiten sich wichtige Einstellungs-, Karriere- und Promotionskriterien ab und dementsprechend spielen sie natürlich auch in Bewerbungssituationen eine große Rolle. Berufseinsteiger sollten sich dessen bewusst sein und daher grundsätzlich darüber nachgedacht haben, wie sie sich selbst im Hinblick auf ihr Profil einordnen würden, wo sie dementsprechend ihre Stärken und Präferenzen sehen und wie sie auf dieser Grundlage ein Bewerbungsgespräch führen sollten, das karrierebestimmend sein kann.

Um ein solches Gespräch erfolgreich zu gestalten, wäre es in jedem Fall angeraten, eine „persönliche" Definition von Management und Leadership vorauszuschicken und dabei sehr auf das Feedback des Gesprächsteilnehmers zu achten, denn auf keinen Fall sollte es auf einem Missverständnis aufbauen.

Typischerweise werden Fragen zum persönlichen Führungsstil mit der Bitte eröffnet, einige Beispiel zu nennen, die persönlichen Management- bzw. Führungsfähigkeiten deutlich belegen. Als Berufsanfänger fällt es einem zwangsläufig schwer, Beispiele zu nennen, die die Leaderqualitäten dokumentieren. Es ist in diesem Falle sehr zu empfehlen, sich Anregungen zu einer gelungenen Gesprächsführung in einer Veröffentlichung der Harvard Business School zu holen [1] zu holen. In diesem Kompendium werden verschiedene Themen, mit denen sich Bewerber auseinandersetzen müssen, angesprochen und mit interessanten Beispielen, die in die Diskussion eingebracht werden können, versehen. Soweit es das Thema Leadership betrifft, sei hier nur angemerkt, dass man in Bewerbungsgespräche durchaus auch geschickt gewählte Beispiele außerhalb der Berufswelt einfließen lassen kann. Nicht selten lässt sich feststellen, dass auch Mitarbeiter, die (noch) keine Führungspositionen einnehmen, außerhalb der Berufswelt große Leadership- und Managementfähigkeiten an den Tag legen.

Dass in Führungspositionen im Allgemeinen tatsächlich eine Kombination aus Manager- und Leaderqualitäten gefordert ist, sei abschließend anhand der Herausforderungen illustriert, mit denen Team- oder Projektleiter konfrontiert sind, insbesondere wenn sie dabei im internationalen Raum agieren müssen.

Wie bereits in Kapitel 7 ausführlicher dargestellt, steht ein Teamleiter neben den fachlichen häufig auch vor großen organisatorischen Herausforderungen. Diese ergeben sich grundsätzlich daraus, dass Teams organisationsübergreifend agieren müssen. Ihre Mitglieder entstammen somit verschiedenen Funktionseinheiten des Unternehmens, wie sie über die klassischen Organigramme ausgewiesen werden, ohne dass das Team selbst in diesem Dokument, das auch die hierarchischen Beziehungen wiedergibt, abgebildet ist. Gerade in dieser „hierarchisch undefinierten" Konstellation sind in besonderem Maße sowohl Leadership- als auch Managerqualitäten gefordert, um die fachliche Aufgabe zu erfüllen und Spannungen auszugleichen, die sich aus unterschiedlichen Interessen einzelner Funktionsbereiche und, bei international zusammengestellten Teams, aus den Rivalitäten einzelner Standorte ergeben können.

Zu den schwierigsten Aufgaben, die evidentermaßen ebenfalls sowohl Leadership- als auch Managementfähigkeiten erfordern, gehört der Aufbau einer neuen globalen Organisation aus lokalen Einheiten verschiedener Standorte. Dies gilt vor allem dann, wenn aufgrund der Vorgaben des Topmanagements ein besonderer Schwerpunkt auf der Realisierung von Synergien liegt, was zwangsläufig zu Arbeitsplatzabbau oder zur Schließung von Funktionseinheiten an einzelnen Standorten führen kann. In solchen Situationen wird sofort jeder Standort eine defensive Position einnehmen und Verbündete suchen, die auch den Betriebsrat und die lokale Politik einschließen.

Solche Projekte lassen sich nicht mehr auf der reinen Sachebene bearbeiten. Es sind darüber hinausgehende, typischerweise mit Leadership verbundene Fähigkeiten erforderlich, um sie zu realisieren. Alleine die Zusammenstellung von Kennzahlen, die essentiell für die Entwicklung eines realistischen Projektziels sind, kann sich aufgrund unterschiedlicher Definitionen, Kategorisierungen und Abgrenzungen, die einen Vergleich erschweren, und unterschiedlicher Datenschutzproblematiken im internationalen Raum als äußerst schwierig erweisen. Ähnliches gilt für die Formulierung der Arbeitsgrundsätze und die Vereinbarungen zu Entscheidungskriterien und -prozessen. Interkulturelles Verständnis, Kenntnis der standorttypischen Herangehensweisen sowie adäquate und transparente Kommunikation, die intensiven Kontakt und kontinuierliche Abstimmungen mit dem Topmanagement einschließt, sind daher kritische Erfolgsfaktoren. Zweifellos wird in den beschriebenen Zusammenhängen also eine Fülle von Fähigkeiten benötigt, die weit über die Administration vorgegebener Aufgaben hinausgeht.

12. Unternehmenskultur und Werte

Jedes Unternehmen hat eine Kultur. Neben den strategischen Zielen bilden diese Unternehmenskultur und die damit verbundenen Werte einen wichtigen Bezugspunkt für die Standortbestimmung und das Handeln aller Mitarbeiter. Sie spielen zu Beginn einer Tätigkeit in der Wirtschaft, wenn sich zunächst die persönliche Frage stellt, ob der Wertekanon eines Unternehmens zu einem passt und man dort arbeiten möchte, eine große Rolle. Zudem bilden sie wesentliche Leitlinien für das Verhalten, das alle Bemühungen um das Erreichen der Unternehmensziele bestimmen sollte. Dies betrifft sowohl das Auftreten nach außen als auch den Umgang im Inneren.

Wenn man Unternehmenswerte in diesem Sinne als Arbeitsgrundlage für ein vom Unternehmen erwartetes und als konstruktiv und produktiv geschätztes Verhalten betrachtet, wird hierüber eine sehr gute und verbindliche Basis für ein Agieren geschaffen, in dem sich Respekt gegenüber allen Mitarbeitern aus verschiedenen Ländern und Kulturen ausdrückt. Solcher Respekt und ein in umgekehrter Richtung darauf gründendes Vertrauen sind die beste Voraussetzung für Nachhaltigkeit im Engagement Aller für das Unternehmen. Mit einem Unternehmen, in dem die Kultur stimmt, identifizieren sich die Mitarbeiter und es bedarf keiner zusätzlich aufgesetzten „Übungen" oder teuer eingekauften „Corporate Identity" Projekte, um sie zu motivieren. Und auch bisweilen unvermeidlich harte Entscheidungen werden auf größere Akzeptanz stoßen, wenn sie in vermittelbarem Einklang mit den Unternehmenswerten stehen.

Jedes Unternehmen sollte sich deshalb um seine Kultur kümmern. Die Formulierung und Weiterentwicklung der Unternehmenskultur muss daher ganz oben auf der Prioritätenliste des Topmanagement stehen mit dem Ziel, dass diese Kultur von allen Mitarbeitern geprägt und getragen wird. Denn gelebte Kultur kann nicht von oben verordnet werden.

Während sich die Unternehmenskultur bei kleinen und mittleren, auf lokaler Ebene operierenden Unternehmen mit vergleichsweise überschaubarem Aufwand entwickeln, kommunizieren und implementieren lässt, stehen international tätige Global Player diesbezüglich vor weit größeren Herausforderungen. Viele derartige Unternehmen haben daher einen Kanon sogenannter Unternehmenswerte bzw. ein Unternehmensleitbild entwickelt, das insbesondere für den Umgang im internationalen Raum einen außerordentlich hilfreichen Orientierungsrahmen bietet. Üblicherweise umfasst das Leitbild eines Unternehmens nur einige wenige Punkte von zentraler Bedeutung. Diese leiten sich zum einen Teil aus der Geschäftstätigkeit und den geschäftliche Zielen des Unternehmens und zum anderen Teil aus tradierten oder zukunftsweisenden ethischen Werten her, da Unternehmensstrategie und -werte aufeinander abzustimmen sind. Bei der Entwicklung und Implementierung dieser Werte ist natürlich dem Risiko einer unterschiedlichen Konnotation in verschiedenen Ländern besondere Beachtung zu schenken. Die entsprechenden Prozesse stellen bereits bei globalen Unternehmen, die Länder wie die USA, Deutschland, Frankreich,

Spanien oder Japan einschließen, eine große Herausforderung dar, und es wird interessant sein, zu sehen, ob und wie es gelingt z. B. China in solche Wertediskussionen miteinzubeziehen.

Um die so definierten und kommunizierten Werte zur Grundlage tatsächlich „gelebter" Unternehmenskultur zu machen – und darum geht es – müssen sie zunächst in allen Führungs- und Entscheidungsprozessen strikte Beachtung finden. Denn Führungskräfte haben Vorbildfunktion und eine Person, die zwar Spitzenleistungen bringt, sich aber nicht um Werte „schert", wird weder bei Außenstehenden noch bei Mitarbeitern größere Akzeptanz erfahren als jemand, der nur Werte lebt, aber keinerlei Leistungsbereitschaft zeigt.

Nur auf einer solchen Grundlage bestehen im Übrigen auch Voraussetzungen für eine sinnvolle und produktive Gestaltung von Feedback- und Mitarbeitergesprächen, die dazu dienen, das „Leben der Werte" zu überprüfen und im Zusammenwirken Aller weiter zu entwickeln und zu verankern. Solche Gespräche müssen organisiert und in regelmäßigen Intervallen stattfinden. Am besten sollten sie nicht als theoretische Diskussionen, sondern unter Bezug auf konkrete Beispiele und Fälle im Unternehmen geführt werden. Dabei sollte Probleme ebenso wie Erfolgsbeispiele zu Sprache kommen und durchaus auch die Frage gestellt werden „was lief gut" und „wo haben sich die Werte als gute Orientierungshilfen erwiesen?". „Lessons learned" also in beide Richtungen.

Soweit es um die Analyse des persönlichen wertebezogenen Verhaltens von Führungskräften geht, hat sich unter anderem ein sogenanntes „360°-Feedback-System" bewährt, über das eine Führungskraft von den Mitarbeitern und dem Vorgesetzten im „Rundum-Verfahren" beurteilt wird. Es basiert auf einer Vielzahl von Fragen, die unternehmensspezifisch gestaltet werden müssen, wenn es Sinn machen soll. Natürlich stellt sich dabei, wie bei anderen Verfahren auch, die nie mit letzter Klarheit zu beantwortende Frage, ob ehrlich geantwortet wurde oder ob interessensgelenkte Botschaften übermittelt werden sollten und inwiefern die Wahrnehmung des Beurteilenden von der aktuellen Unternehmenslage und -stimmung beeinflusst wurde. Es gilt aber der Grundsatz „Perception is Reality" und man sollte daher als Führungskraft die erhaltenen Bewertungen unbedingt ernst nehmen und selbstkritisch reflektieren. Insbesondere Defizite, die wiederkehrend problematisiert werden, sollte man als „Areas for Development" (siehe Kapitel 1) betrachten, an denen entsprechend zu arbeiten ist.

Bei aller systematischen Überprüfung eines mit den Unternehmenswerten konformen Verhaltens, einschließlich einer Kommentierung von außen, sollte man sich als Führungskraft im Hinblick auf den Umgang mit Werten aber auch am eigenen inneren Kompass orientieren. Leandro Herrero [14] hat einige wenige Kriterien zusammengestellt, der eine Führungskraft dabei besondere Beachtung schenken sollte und die in Abbildung 12.1 sprachlich unverändert wiedergegeben sind. Auf den ersten Blick erscheinen sie vielleicht etwas diffus, zum Teil redundant und manchmal fast trivial. Aber wenn man sich etwas intensiver mit ihnen auseinandersetzt, wird man feststellen, dass damit Vieles auf den Punkt gebracht ist. Denn es handelt sich durchweg um Aspekte, bei denen das eigene Verhalten langfristig über Glaubwürdigkeit und Akzeptanz entscheiden kann. Es lohnt sich also in, einer Art „Gewissenserforschung" zu bestimmen, welcher Umgang mit diesen Themen einem selbst entspricht und angemessen erscheint.

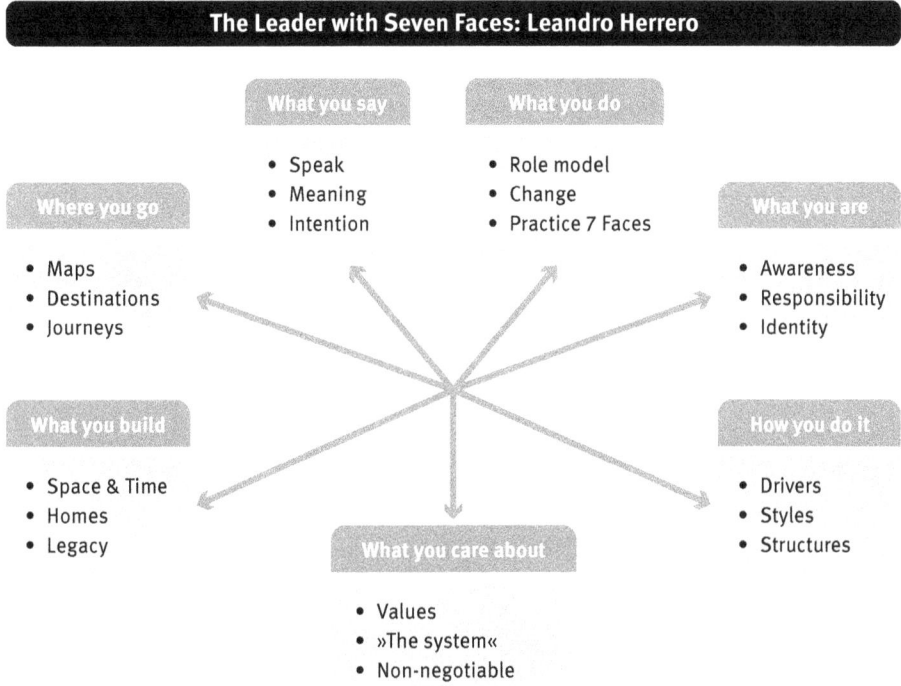

Abb. 12.1: Kulturprägende Verhaltensweisen von Führungskräften. Nach Leandro Herrero „The Leader with Seven Faces" [14].

III. Management in der Praxis

13. Eine kurze Geschichte der Pharmaindustrie und ihrer strategischen Herausforderungen

Im vorausgehenden Hauptteil des Buchs wurden die wesentlichen Herausforderungen beschrieben, die auf Führungskräfte in einem Wirtschaftsunternehmen zukommen, und verschiedene Optionen und Vorgehensweisen dargelegt, die sich bei deren Bewältigung anbieten bzw. empfehlen. In diesem abschließenden Teil soll nun das Bewusstsein für die Komplexität verschiedener Managementaufgaben, einschließlich aller Unwägbarkeiten und Unsicherheiten bei der Entscheidungsfindung, an einem „praktischen" Beispiel geschärft und vertieft werden: Der globalen Entwicklung der Pharmaindustrie im vergangenen Jahrhundert und den damit verbundenen Fragen und Herausforderungen an strategisches Management.

Dieses Beispiel wurde nicht nur gewählt, weil es mit der beruflichen Erfahrungswelt des Autors unmittelbar in Beziehung steht, sondern auch und vor allem aufgrund der tief greifenden Transformationsprozesse, die sich in diesem Wirtschaftsbereich in der erwähnten Zeitspanne vollzogen haben. Dieser sich bis heute fortsetzende Wandel war teils als Konsequenz wesentlicher wissenschaftshistorischer Entwicklungen, teils als Folge veränderter ökonomischer Rahmenbedingungen von fundamentalen Paradigmenwechseln und drastischen Umgestaltungen der Geschäftsmodelle und -prozesse begleitet. Die Auswirkungen dieser Entwicklung waren und sind weitreichend. Sie betreffen die gesamte Branche und können, etwa in Verbindung mit hierdurch ausgelösten Mergern und Akquisitionen, den Bestand von Firmen, Firmenstandorten und Arbeitsplätzen gefährden.

Die nachfolgende Beschreibung wird sich primär auf Forschung und Entwicklung betreffende Vorgänge konzentrieren, wobei diese natürlich ihrerseits von der facettenreichen Entwicklung anderer Unternehmensbereiche beeinflusst werden und insofern nicht isoliert zu betrachten sind. Es ist allerdings nicht beabsichtigt, diese Darstellung in Form einer umfassenden und auf historische Vollständigkeit abzielenden Abhandlung zu gestalten, wie sie Gegenstand verschiedener anderer Werke ist [10; 3; 26; 20; 21; 11; 19; 18; 4; 2; 25; 5; 6; 22; 7; 8; 17; 12] (bezüglich aktuellster Entwicklungen können auch das Internet und Veröffentlichungen von Consultingunternehmen als wertvolle Informationsquellen dienen). Vielmehr werden einige wesentliche Entwicklungen mit weitreichenden strategischen Implikationen hervorgehoben. Anderes wird bewusst ausgelassen.

Im Zentrum aller historischen Entwicklungen und Transformationen steht dabei immer wieder die Frage, wie neueste wissenschaftliche Erkenntnisse in Produkte überführt werden können, oder, um es gemäß der neuesten Sprachregelung auszudrücken, der Prozess der „Translation". Der Leser möge sich in diesen Zusammenhängen fragen, wie er selbst bestimmte Situationen, etwa mit Hilfe von SWOT-Analysen, bewertet und welche Entscheidungen er in diesen Zusammenhängen getroffen hätte. Er kann die retrospektiven Betrachtungen aber auch einfach als „Lessons Learned" verstehen, die dem Berufseinsteiger wesentliche Aspekte der Strategieentwicklung vermitteln. Wie auch immer, er wird in jedem Falle feststellen, dass es bereits vor 100 Jahren Herausforderungen gab, für die es bis heute kein verbindliches Lösungsmodell gibt.

13.1 Die Entstehung der Pharmaindustrie – Unterschiedliche Ursprünge und ihre strategischen Implikationen

Die Ursprünge der Pharmaindustrie liegen in der vor etwa einem Jahrhundert erfolgten Erweiterung der Geschäftstätigkeiten verschiedener Apotheken oder Chemiefirmen. Sie hatte ihren Ausgangspunkt einerseits in dem zu dieser Zeit noch immer ausgeprägten Mangel effizienter Therapien zahlreicher weltweit verbreiteter Erkrankungen und andererseits in neuen wissenschaftlichen Erkenntnissen, die zu einem Paradigmenwechsel führten und die Hoffnung erweckten, diesem Mangel auf fundamental neue Weise begegnen zu können. In diesem Zusammenhang erwiesen sich insbesondere die Chemie und speziell die medizinische Chemie als Treiber, da die Farben-, Heterocyclen- und Naturstoffchemie zur Entdeckung pharmakologisch interessanter Stoffklassen geführt hatte. Diese wurden in „klassisch-pharmakologischen" Tierversuchen im Hinblick auf ihr therapeutisches Potential zur Behandlung verschiedener Krankheiten getestet und optimiert, wobei das Auffinden von neuen Molekülen mit neuen therapeutischen Wirkungen natürlich auch in nicht unwesentlichem Maß Zufallsentdeckungen („Serendipity") in Klinik und Labor zu verdanken war.

Rückblickend betrachtet scheint diese Gründungsphase der pharmazeutischen Industrie aus heutiger Sicht nicht von allzu komplexen strategischen Überlegungen und Entscheidungen begleitet gewesen zu sein, da ein immenser medizinischer Bedarf („Unmet Medical Need") bestand und ein dementsprechend großer weltweiter Pharmamarkt fast unbegrenzte Wachstumsmöglichkeiten versprach. Bei allen gelegentlichen Rückschläge und Fehlentscheidungen bezeichnet mancher Autor daher diese und eine lange sich daran anschließende Periode vermutlich zu Recht als das „goldenen Zeitalter" der Pharmaindustrie, das es verschiedenen Firmen ermöglichte, sich im Laufe des vergangenen Jahrhunderts zu globalen Unternehmen mit beeindruckenden Wachstumsraten zu entwickeln. So konnten etwa ab Mitte der 70iger Jahre des vergangenen Jahrhunderts durch Produkte mit Umsätzen von weit über 1 Mrd. $ („Blockbuster") traumhafte und im Vergleich zur konjunkturabhängigen chemischen Industrie über lange Zeit äußerst stabile Umsatzrenditen erzielt werden.

Auch wenn ihre Gründung selbst nicht von allzu tiefschürfenden strategischen Überlegungen begleitet war, so hatte der unterschiedliche Ursprung der Pharmafirmen – Apotheke oder chemische Industrie – doch erhebliche langfristige Auswirkungen von strategischer Bedeutung. Die aus Apotheken entstandenen Pharmafirmen hatten den Vorteil, dass sich das Management ausschließlich auf das Arzneimittelgeschäft konzentrieren konnte und der geforderte spezifische Sachverstand in allen

Unternehmensbereichen vorhanden war. In den Chemieunternehmen war die Pharmasparte dagegen Teil eines größeren Chemiekonglomerates, das aus einer Reihe von Divisionen mit unterschiedlichen Geschäftsfeldern und Zielsetzungen bestand. Aus strategischer Sicht scheinen solche als diversifizierte „Global Player" zu betrachtende Firmen den Vorteil zu haben, dass Synergien zwischen den einzelnen Bereichen geschaffen werden können und jeder Bereich von technologischen Weiterentwicklungen und Plattformen des anderen profitieren kann. Entsprechende Strategien wurden tatsächlich auch erfolgreich umgesetzt und haben sich über Jahrzehnte gut bewährt. Allerdings standen dem beschriebenen Vorteil auch erhebliche Nachteile gegenüber. So verfügte das Topmanagement, dessen Kenntnisse durch das Chemiegeschäft geprägt waren, üblicherweise nur über begrenzte Pharma-Expertise. Zudem war die Pharmasparte immer Einflüssen der anderen Geschäftsbereiche ausgesetzt und in konjunkturell schwierigen Zeiten kam es nicht selten zu Quersubventionen zu Lasten von Pharma. Dies schuf insbesondere ab dem Moment Probleme, als die Biologie in der zweiten Hälfte des 20. Jahrhunderts immer stärker zum kritischen Erfolgsfaktor wurde und größere Investitionen erforderlich wurden, um darauf adäquat zu reagieren.

13.2 Von der Chemie zur Biologie – Die Entstehung des Blockbuster-Paradigmas

Bis heute wird die Pharmaindustrie von Großunternehmen mit den beschriebenen Wurzeln dominiert. Mit der zunehmenden Biologisierung der Pharmaforschung, die in der zweiten Hälfte des letzten Jahrhunderts einsetzte und schließlich zum bestimmenden Faktor wurde, entwickelte sich jedoch ein weiterer Firmenzweig, der heute allgemein und etwas unscharf als „Biotechnologie-Branche" bzw. „Biotech-Industrie" bezeichnet wird und seinen Ursprung in der molekularbiologischen Forschung hat. Firmennamen wie Genentech, Amgen und Biogen (heute Biogen Idec) stehen für diese Entwicklung, auf die am Ende dieses Kapitels noch näher eingegangen wird.

Die in der Gründung solcher Firmen zum Ausdruck kommende, aber auch die traditionellen Unternehmen erfassende Biologisierung der Pharmaforschung beruhte im Wesentlichen auf neuen molekular- und zellbiologischen Methoden sowie, in einem späteren Stadium (siehe unten), genomischen Verfahrensansätzen. Neben einem vertieften Verständnis vieler Krankheitsprozesse und daran beteiligter Faktoren war mit dieser Entwicklung unter anderem auch die Etablierung neuer Ansätze zur Gewinnung und Charakterisierung therapeutisch wirksamer Substanzen verbunden. Hochdurchsatz-Verfahren auf verschiedensten Ebenen und neue, mit der Revolution im IT-Bereich verbundene, bioinformatische Methoden spielten dabei eine wesentliche Rolle und führten zu gravierenden Änderungen der Forschungsprozesse, die vor allem die frühen (präklinischen) Phasen des Wertschöpfungsprozesses (siehe Kapitel 5) betrafen.

Über ihren unmittelbaren Einfluss auf Forschung- und Entwicklung hinausgehend, zogen diese Entwicklungen auch generelle Veränderungen der Geschäftsmodelle traditioneller Firmen nach sich. Die Geschichte der Firma Hoechst ist ein Extrembeispiel, mit dessen Hilfe sich plastisch illustrieren lässt, wie ein ehemaliger Chemiegigant mit einer sehr erfolgreichen Pharma-Sparte und eigenen Biotechnologie-Aktivitäten im Zuge eines strategischen Life Science-Ansatzes zunächst zu einem ausschließlich auf Pharma- und Agroaktivitäten konzentrierten Unternehmen transformiert wurde und schließlich in anderen Firmen aufging. Die Geschichte und die Hintergründe dieser Transformation wurden in Form von Interviews mit dem verantwortlichen Executive Management detailliert dokumentiert und stellen eine interessante Fallstudie dar, die weitreichende Einblicke in Entscheidungprozesse und die dabei ausschlaggebenden Beweggründe des Topmanagements gibt [12].

Generell bleibt festzuhalten, dass bei der erforderlichen, durch die Biologisierung ausgelösten strategischen und organisatorischen Neuausrichtung die reinen Pharmafirmen unter den traditionellen Unternehmen im Vorteil waren, denen dementsprechend eine schnellere und effizientere Einbindung der neuen Verfahren gelang. Es mag daher kein Zufall gewesen sein, dass der erste Blockbuster der Pharmageschichte von einer reinen Pharmafirma entwickelt wurde. Der fulminante kommerzielle Erfolg diese Medikaments hatte eine gravierende und die gesamte Pharma-Branche bis heute beeinflussende Konsequenz: Die Entstehung des Blockbuster-Paradigmas.

Das Blockbuster-Paradigma

Cimetidine (Tagamet®) von der Firma Smith Kline & French wurde 1976 als Arzneimittel gegen Magengeschwüre auf den Markt gebracht. Es war das erste Blockbuster-Medikament, also ein Produkt, das mehr als 1 Mrd. $ Umsatz pro Jahr generiert. Die Erzeugung von Blockbustern wurde daraufhin in kürzester Zeit zum bestimmenden Paradigma der Pharma-Industrie, das seither eine überragende Bedeutung hatte, die erst in jüngster Zeit ins Wanken geraten ist.

Das dahinter stehende Erfolgsmodell ist sehr einleuchtend. Wenn man sich auf wenige Produkte mit großem Umsatz konzentrieren kann, so hat das für alle Unternehmensfunktionen große Vorteile und es können bei entsprechender globaler Strategie hohe Umsatzrenditen aufgrund günstiger Kostenstrukturen realisiert werden. Ein Unternehmen mit diversen Portfolios und vielen Produkten, die in unterschiedlichen Produktionsanlagen hergestellt und in vielen Packungsgrößen auf der Grundlage regionaler Marketingstrategien vertrieben werden, kann da nicht mithalten.

Die strategische Ausrichtung auf die Generierung von Blockbustern hatte nachhaltige Auswirkungen auf die Strategie von Forschung und Entwicklung im Pharmabereich. Dies betrifft zunächst die Frage der Fokussierung auf bestimmte Krankheitsgebiete. Grundsätzlich können unter diesen Voraussetzungen nur Krankheiten mit großen Patientenzahlen und bis dato äußerst eingeschränkten medizinischen

Behandlungsmöglichkeiten("Unmet Medical Needs") ins Auge gefasst werden. Zum anderen müssen die entsprechenden von Forschung und Entwicklung initiierten Projekte mit der Perspektive eines schnellen Abschlusses verbunden sein und mit höchster Geschwindigkeit vorangetrieben werden. Im Hintergrund dieser Vorgabe steht das Interesse, den globalen Markt ungestört von zwischenzeitlich auf den Plan getretener Konkurrenz erschließen zu können. In logischer Konsequenz hat daher der von den Marketing-Funktionen auf die Forschungs- und Entwicklungsbereiche von Pharmaunternehmen ausgeübte Einfluss und Druck mit Entstehung des Blockbuster-Paradigmas erheblich zugenommen (auf die grundsätzliche Rolle von Marketing im Zusammenhang mit Forschungs- und Entwicklungsprozessen wurde bereits in den Kapiteln 5 und 7 ausführlicher eingegangen). Marketing hat ein fundamentales Interesse daran, der Erste oder spätestens der Zweite auf dem Markt zu sein. Zeit wurde daher von Marketing zum kritischen Erfolgsfaktor gemacht und in vielen Firmen quasi zum „Marketinggesetz" erhoben. Ob dieses Dogma allerdings von großer strategischer Nachhaltigkeit war und ist, sei dahingestellt. Zweifellos hat sich Forschung und Entwicklung unter dem bestehenden Zeitdruck immer mehr auf Ansätze konzentriert, bei denen zunächst die Identifikation von Zielstrukturen (Targets) im Vordergrund stand, die scheinbar besonders gute Perspektiven für eine erfolgreiche und schnelle Medikamentenentwicklung boten. Diese Strategie war aber nur sehr bedingt erfolgreich. Die weitgehende Ausrichtung von Forschungs- und Entwicklungsaktivitäten nach Marketingargumenten stellt bei der Kurzlebigkeit von Marketingkonzepten insofern ein nicht unerhebliches Risiko dar und es sollte an dieser Stelle auch nicht unerwähnt bleiben, dass das bis 2011 umsatzstärkste Produkt in der Geschichte der Pharmaindustrie, der Cholesterin-Senker Atorvastatin (Lipitor®) (Umsatz 2011: 12.5 Milliarden US$), erst 10 Jahre nach Einführung des ersten Produkts dieser Klasse und nachdem bereits eine Reihe weiterer Statine auf den Markt gelangt waren, ausgeboten wurde (Einführung Lovastatin (Mevacor®): 1987, Einführung Atorvastatin (Lipitor®): 1997, [17]). Ein großer Erfolg trotz des „Verstoßes" gegen die „Marketingregeln".

Dass im Übrigen auch das Blockbuster-Paradigma selbst mit hohen generellen Risiken verbunden sein kann, lässt sich überzeugend am Beispiel der Firma Altana demonstrieren. Die von der Pharmasparte des Unternehmens generierten Umsätze hingen über lange Jahre weitgehend von einem einzigen Blockbuster ab, dem Pantoprazol (Protonix®). Dabei handelte es ich ebenfalls um ein zur Behandlung von Magen- und Zwölffingerdarmgeschwüren geeignetes Medikament, das aber auf einem anderen Wirkmechanismus als der erste Blockbuster, Cimetidine (Tagamet®), beruhte. Es war der Firma Altana nicht gelungen, vor Ablauf des Patentschutzes von Pantoprazol durch eigene Forschungs- und Entwicklungsaktivitäten ein Portfolio mit vergleichbar umsatzstarken Nachfolgeprodukten aufzubauen. Dieses Versagen hat ein eigenständiges Überleben nicht erlaubt. 2007 erfolgte der Verkauf der Altana Pharmasparte an die Firma Nycomed, welche 2011 von Takeda übernommen wurde.

Trotz dieses Risikos und der Tatsache, dass sich auch Unternehmen mit diversifiziertem Portfolio und Nischenprodukten durchaus gut entwickelt haben, bleibt das

Blockbuster-Paradigma bis heute von bestimmendem Einfluss in der Pharma-Industrie, denn letztendlich hat sie damit ihre globale Größe erreicht. Waren erfolgreiche Entwicklungen zunächst auf niedermolekulare chemische Verbindungen („Small Molecules") und Naturstoffe begrenzt, so kamen mit dem Aufkommen der „Biotech-Industrie" (siehe unten) erste Protein-Wirkstoffe hinzu, die durch rekombinante Technologien hergestellt wurden. Zu Beginn des 21. Jahrhunderts haben viele Firmen die große Hoffnung, weitere Protein-Blockbuster generieren zu können, und steuern ihre Investitionen und Zukäufe entsprechend.

13.3 Die Ära der Genomforschung – Enttäuschte Hoffnungen und neue Möglichkeiten

Die Sequenzierung des menschlichen Genoms und die Verfügbarkeit von genomischen Daten hat die Pharmaindustrie ab den 90iger Jahren erneut mit einer Reihe von strategischen Fragen konfrontiert, die zum Teil massive Veränderungen nach sich gezogen haben, obwohl sie noch immer nicht abschließend beantwortet sind. Zwei Themen, die in enger Wechselbeziehung zueinander stehen und natürlich auch zu allen anderen Zeitpunkten in der Geschichte der Pharmaindustrie eine Rolle spielten, traten dabei besonders prominent zutage: Die Frage nach der Produktivität von Forschungs -und Entwicklungsaktivitäten und die Auseinandersetzung mit den Chancen neuer Technologien. Diese durch die Genomik forcierten Herausforderungen seien im Folgenden mit dem Verständnis vertieft, dass sie historisch nicht exklusiv der Ära der Genomik zugeordnet werden können. Ein drittes und in der Tat völlig neues Thema, die Entwicklung einer „Personalisierten Medizin", gründet ebenfalls im Wesentlichen auf den Ergebnissen und Perspektiven der Genomforschung. Da diese Entwicklung zu einer bestimmenden strategischen Herausforderung und Chance für die Pharmaindustrie im 21. Jahrhundert werde könnte, wird darauf weiter unten im entsprechenden Zusammenhang eingegangen.

Produktivität – Wunschdenken und Wirklichkeit

Viele Unternehmensstrategien und strategische Entscheidungen bis hin zu Mega-Fusionen von Großunternehmen wurden und werden getrieben von der Auseinandersetzung mit dem Thema Produktivität. Diese Auseinandersetzung zieht sich wie ein roter Faden durch die letzten Dekaden der Geschichte der Pharmaindustrie und betrifft insbesondere den Forschungs- und Entwicklungsbereich. Kaum ein anderer Parameter hat sich so massiv und teilweise dramatisch auf die Strategie von Forschung und Entwicklung und auf die Organisation und Umorganisation der entsprechenden Bereiche ausgewirkt wie die Produktivitätsfrage. Kaum etwas ist bezüglich der methodischen Ansätze aber auch umstrittener als die Messung der Produktivität von Forschung und Entwicklung.

Die Ergebnisse der Genomforschung führten in den 90iger Jahren zu einer mit besonderer Intensität geführten Diskussion der Produktivität von Forschung und Entwicklung und diesbezüglicher Steigerungsmöglichkeiten, die mit größten Hoffnungen befrachtet war. Diese Hoffnungen gründete auf der festen und somit als strategische Option angesehenen Überzeugung, dass sich aus der Sequenz des menschlichen Genoms mit Hilfe bioinformatischer Ansätze eine nahezu beliebige Zahl neuer Zielstrukturen („Targets") zur Behandlung von Krankheiten ableiten ließe und damit quasi am laufenden Band neue Blockbuster generiert werden könnten. Auf dieser Grundlage entwickelten sich Forschungsmodelle, die davon ausgingen, dass über hochgradig mechanisierte Forschung und Entwicklungsprozesse, also über eine Art „Drug Discovery Engine", in beliebigem Ausmaß neue Arzneimittel generiert werden könnten, wenn man nur eine genügend hohe Anzahl neuer Disease Targets in diese Verfahren einbrächte. Der Grundgedanke hinter diesen Erwartungen bestand im Aufbau gigantischer chemischer Bibliotheken, innerhalb derer dann durch Einsatz von Hochdurchsatz-Analysen („High Throughput-Screenings") Leitstrukturen identifiziert werden sollten, die mit den nahezu unbegrenzt zur Auswahl stehenden biologischen Zielstrukturen in gewünschte („therapeutische") Wechselwirkung treten. Auch die üblicherweise erforderliche Optimierung der auf diese Weise gewonnenen Leitstrukturen sah man als einen durchaus automatisierbaren mechanischen Prozess an.

Diese Vorstellungen bildeten die unmittelbare Grundlage neuer Produktivitätsmodelle, wobei man in großen Firmen („Big Pharma") in der Regel 2–3 „New Chemical Entities" (NCEs), d. h. neuartige Wirkstoffe, pro Jahr produzieren wollte. Man kann diese Ansätze heute getrost als „Number Games" bezeichnen, denn die an diese Strategie geknüpften Hoffnungen haben sich nicht näherungsweise erfüllt. Dabei überrascht, dass seinerzeit kaum öffentliche Zweifel an der Annahme einer quasi unbegrenzten Zahl biologischer Targets geäußert wurden. Solche Zweifel werden nicht erst durch Erkenntnisse aus jüngster Zeit genährt, sie wären aus vielen Gründen und bei nüchternerer Betrachtung auch schon vor Jahren angebracht gewesen. Vermutlich wurden die wenigen kritischen Stimmen durch den damaligen Hype an den Aktienmärkten und die beeindruckenden Börsenwerte von Technologiefirmen übertönt. Festzuhalten bleibt jedenfalls, dass im Hinblick auf die Relation zwischen Investition und Produktivität eine Reihe von Firmen besser gefahren sind, die die Situation differenzierter sahen und daher die neuen Technologien intelligent mit ihren traditionell starken Forschungs- und Entwicklungsstrategien kombinierten, auch wenn das von vielen Analysten als altmodisch angesehen wurde.

Mittlerweile findet die anhaltende Produktivitätsdiskussion auf erheblich ausgenüchtertem Niveau und zum Teil unter geradezu umgekehrten Vorzeichen statt. Im Kern geht es dabei um die mit weitreichenden strategischen Konsequenzen verbundene Frage der „Rentabilität" von Forschung und Entwicklung. Dabei steht die Zahl neuer innovativer Produkte, die pro Zeiteinheit auf den Markt gebracht werden im Vordergrund, wobei die Produktivität von Forschung und Entwicklung vor allem daran gemessen wird, wie viel Umsatz durch die neuen Produkte generiert wird. Gerade durch diesen Messansatz ergibt sich allerdings aber auch ein besonderes Problem, das mit dem Patentschutz für entwickelte Produkte zusammenhängt und weitreichende Folgen hat. Solange Patenschutz für ein Produkt besteht, bewegt sich der Preis auf einem relativ stabilen und hohen Niveau. Sobald der Patentschutz endet, gelangen jedoch sofort Nachahmerprodukte (Generika) auf den Markt, die zu einem dramatischen Preisverfall führen. Gerade in jüngster Zeit sind verschiedene Patente für umsatzstarke Medikamente abgelaufen. Die dadurch verursachten Umsatzausfälle in der Pharmaindustrie erreichten Schätzungen zufolge mit etwa 30–40 Mrd. $ im Jahr 2012 ihr bisheriges Maximum (CEN, 2011, October 17, p. 15). Da weitere Risikoabschätzungen von Umsatzausfällen von bis zu 290 Mrd. $ im Zeitraum zwischen 2012 und 2018 ausgehen, es ist zu befürchten, dass dieser Trend anhält. In jedem Fall bewegen sich die geschätzten Zahlen in einer Größenordnung, die das traditionelle Geschäftsmodell von Big Pharma, im Wesentlichen auf patentgeschützte Blockbuster zu setzen, erschüttert. Dies wird offensichtlich, wenn man sich die geschätzten Gesamtkosten der mit der erfolgreichen Generierung eines neuen Arzneimittels verbundenen Forschungs- und Entwicklungsaktivitäten vor Augen führt, die im Durchschnitt, d. h. unter Einbeziehung der mit fehlgeschlagenen Produktentwicklungen verbundenen Forschungs- und Entwicklungskosten, ca. 800 Mio. $ bis 1 Mrd. $ betragen.

Auf der Basis des dramatischen durch Generika ausgelösten Preisverfalls lässt sich eine derart anspruchsvolle Forschung und Entwicklung zur Herstellung neuer innovativer Arzneimittel für sogenannte „Unmet Medical Needs" nicht mehr finanzieren, wenn gleichzeitig eine für Investoren jeweils aktuell interessante Marge erzielt werden soll. Weltweit kann die Pharmaindustrie daher nicht mehr die erforderliche Zahl neuer Produkte liefern, die die gewünschten Umsatzzahlen und Wachstumsraten für die Zukunft garantieren. Vor diesem, seit einigen Jahren vielfach als „Innovationskrise" der Pharmaforschung bezeichneten Hintergrund werden Investitionen in Forschung und Entwicklung gerade in der für diese Krise durchaus mitverantwortlichen Finanzwelt besonders kritisch bezüglich der damit verbundenen Produktivität beäugt. Denn aus der obigen Betrachtung ergibt sich der triviale Schluss, dass sich das bestehende Dilemma strategisch nur durch eine signifikante Produktivitätssteigerung überwinden lässt, d. h. durch eine Verringerung der Ausfallrate (der „Attrition Rate") entlang der Wertschöpfungskette. Diese kritischen Betrachtungen erhöhen den Druck, basieren aber auf den überaus schlichten Annahmen, dass Forschungs- und Entwicklungserfolge weitgehend planbar sind und ein bestimmter Forschungs- und Entwicklungsaufwand daher einen bestimmten Umsatz generieren muss. Es wird dabei ein kausaler Automatismus und häufig eine geradezu lineare Beziehung zwischen „Investment" und „Return" unterstellt, die, soweit sie sich überhaupt durch historischen Beobachtung stützen lässt, aus Beispielen hergeleitet wird, die allenfalls für bestimmte Arzneimitteltypen und bestimmten Zeitabschnitte mit ihren spezifischen Forschungsvoraussetzungen und Wissenschaftsparadigmen galten. Wer etwas von Wissenschaft und Forschung und Entwicklung versteht, wird sofort die Schlichtheit einer solchen Betrachtung durchschauen. „Return on Investment" in Forschung und Entwicklung ist kein Naturgesetz. Pharmaforschung war zu allen Zeiten kreativ und innovativ, sonst hätte es keinen Fortschritt gegeben. Sie war aber auch immer mit dem Risiko des Scheiterns behaftet, da sie sich, bei allem Erkenntnisfortschritt, immer in einem Raum mit zahlreichen Unbekannten bewegt, die sich aus der biologischen Komplexität ihres „Gegenstandes", dem menschlichen Organismus und seiner Krankheitsanfälligkeit, ergeben.

Die Kunst aktuellen Forschungs- und Entwicklungsmanagements im Pharmabereich besteht also darin, sich vor dem beschriebenen Hintergrund so auszurichten, dass die Innovationskraft maximiert wird und gleichzeitig neueste wissenschaftliche Erkenntnisse in möglichst kurzer Zeit in Wertschöpfung translatiert werden. Dies erfordert eine ständige Anpassung der Geschäftsmodelle und der Abläufe in Forschung und Entwicklung. Ob radikale Einschnitte mit dem Ziel der kurzfristigen Kostenreduktion und der Glaube, Innovationen seien beliebig von außen zuzukaufen, zu einer nachhaltigen Lösung der beschriebenen Probleme beitragen werden, darf zumindest bezweifelt werden.

Implementation neuer Technologien oder „kehrt wirklich jeder neue Besen gut?"

Die oben beschriebenen Hoffnungen einer massiven Produktivitätssteigerung, die sich zunächst mit der Genomforschung verbanden, und die darauf gründenden strategischen Unternehmensentscheidungen sind ein Musterbeispiel für das Zusammentreffen von neuen Erkenntnissen und Technologiesprüngen als Ursache wissenschaftlicher Paradigmenwechsel.

Denn die damaligen Vorstellungen wurden eben nicht nur von einer sehr viel umfassenderen Zugänglichkeit genetischer Daten und daraus abzuleitender biologischer Zielstrukturen befeuert, sondern in ganz erheblichem Maße auch der scheinbaren Automatisierbarkeit aller darauf gründenden Forschungs- und Entwicklungsprozesse zur Generierung neuer Produkte. Hierbei spielten insbesondere neuen Hochdurchsatz-Technologien und bioinformatische Verfahren eine Rolle, die im Zusammenhang mit der Genomforschung entwickelt worden waren und ihr zum Durchbruch verholfen hatten. Konsequenterweise wurden diese Technologien und Verfahren daher auch im Unternehmensbereich implementiert, was mit einer zum Teil erheblichen organisatorischen Umgestaltung der Wertschöpfungsprozesse verbunden war.

Heute steht unbestreitbar fest, dass diese neuen Technologien die klassische Forschung zwar unterstützt, aber keineswegs ersetzt haben. Fast alle seit Beginn der Genomära auf den Markt gelangten Blockbuster sind über klassisch Grundansätze entwickelt worden, also durch eine hochkarätige und auf Hypothesen gründende biologische Forschung im Verein mit exzellenter medizinischer Chemie. Die neuen Technologien haben dabei im Wesentlichen konzeptionelle Impulse gegeben und als Verfahrensbeschleuniger gewirkt, als automatische Blockbuster-Generatoren haben sie sich bisher nicht erwiesen.

Grundsätzlich hat sich damit auch bei diesen Technologien die alte Regel bestätigt, dass sich die Chance zur Generierung neuer Arzneimittel alleine durch technologischen Wandel kaum steigern lässt, da aufgrund der oben geschilderten Komplexität und Risiken des Forschungs- und Entwicklungsprozesses viele technologieunabhängige Aspekte erfolgskritisch sind.

Da Führungskräfte immer wieder mit der Frage konfrontiert werden, inwieweit sie auf neue Technologien setzen sollen, die einerseits neuen wissenschaftlichen Denk- und Vorgehensweisen entsprechen, andererseits erhebliche Veränderungen in den Arbeitsabläufen und der Organisation von Forschungs- und Entwicklungsbereichen nach sich ziehen, sei an dieser Stelle ein schlichter Rat erteilt: Man sollte sich nicht von aktuellen Hypes und entsprechendem Erwartungsdruck beeinflussen lassen, sondern Pilotprojekte auf den Weg bringen, um die neuen Technologien in konkreten praktischen Zusammenhängen zu testen. Nur so kann man sich selbst ein qualifiziertes Bild machen. Als Messgrößen zur Beurteilung eignen sich Kosten, Qualität, Zeit und Impact. So kann die Entscheidung auf eine solide Basis gestellt werden.

Teils zusammenfassend, teils ergänzend seien zum Abschluss der Beschreibung wesentlicher Transformationsprozesse der Pharmaindustrie im vergangenen Jahrhundert – von der Chemie über die Biologie zur Genomik – noch einmal stichpunktartig eine Reihe von strategischen Fragen und Problemen angesprochen, die sich ergeben, wenn die Unternehmensstrategie auf innovative Therapieentwicklung ausgerichtet ist und Generika, Diagnostika oder medizinische Gebrauchsprodukte nicht das Kerngeschäft darstellen:

- Wie konsequent und in welchem Ausmaß sollen neue Technologien eingesetzt werden, die einerseits einem Paradigmenwechsel bezüglich Forschung und Entwicklung versprechen und möglicherweise neue Perspektiven eröffnen, andererseits signifikante Auswirkungen auf die Organisation, den Ablauf des grundlegenden Forschungsprozesses und die Arbeitsplätze haben? Wie groß sind die damit verbundenen Risiken und soll man daher, wenn man sich für eine Nutzung entscheidet, neue Technologien im Unternehmen („In House") aufbauen oder den Zugang dazu durch Outsourcing und strategische Partnerschaften sichern? Wie geht man grundsätzlich mit neuen Technologien um, die am Unternehmensstandort von der Bevölkerung abgelehnt werden, in anderen Ländern aber bereits auf akzeptierter Basis von Wettbewerbern intensiv genutzt werden?
- Damit eng verbunden, welche Aktivitäten möchte man ausschließlich in „eigener Regie" betreiben und ausbauen, welche in partnerschaftlichen Kooperationen vorantreiben oder komplett „outsourcen"? Soll beispielsweise Forschung in engem Zusammenwirken mit akademischen Einrichtungen oder Biotech-Part-

nern betrieben werden, die Entwicklung an Auftragsforschungsinstitute („Contract Research Organisations", CROs) vergeben und die Produktion über andere Unternehmen durchgeführt werden? Neben Kostenaspekten, spielen bei den entsprechenden Überlegungen zum Teil patentrechtliche Gesichtspunkte eine Rolle und natürlich auch die Frage, wie „virtuell" sich eine Firma aufstellen möchte.
- Wie soll vor dem Hintergrund der in obigen Zusammenhängen getroffenen Entscheidungen der Forschungs- und Entwicklungsprozess zukunftsträchtig organisiert werden? Empfiehlt sich ein Festhalten an klar umrissenen Strukturen, in denen Forschung und Entwicklung eine separate Einheit darstellen, oder sind offenere Netzwerkstrukturen auf Basis von Teams zu bevorzugen? Und wie lassen sich damit neue „Hub-Strukturen" zu einer möglichst effizienten Nutzung externer Partnerschaften verbinden?
- Welche Krankheitsgebiete möchte man bearbeiten? Soll eine breite Ausrichtung auf viele Krankheiten angestrebt werden oder ist eine enge Fokussierung auf ein bis zwei Indikationen zu bevorzugen? Soll der Schwerpunkt bei der Entwicklung entsprechender Therapeutika auf niedermolekularen Verbindungen („Small Molecules"), die sich durch chemische Synthese erzeugen lassen, oder auf biologischen Wirkstoffen („Biologics") liegen, die sich über gentechnische Verfahren gewinnen lassen?
- Wie erfolgt die Priorisierung von Projekten im Forschungs- und Entwicklungsportfolio? Welche Kriterien sind für Entscheidungen zur Aufnahme neuer Aktivitäten und gegebenenfalls zur Einbeziehung neuer Krankheitsgebiete ausschlaggebend? Wie erfolgt die Allokation verschiedener Ressourcen in all diesen Zusammenhängen?

Man könnte mühelos eine Fülle weiterer strategischer Fragen formulieren. Führungskräfte müssen sich mit solchen Thematiken und den sich daraus entwickelnden strategischen Optionen auseinandersetzen. Nur so kann sich das Unternehmen weiterentwickeln.

13.4 Pharmaforschung und -entwicklung im 21. Jahrhundert – Probleme und Perspektiven

Wie in den vorausgehenden Abschnitten geschildert, ist die Situation der Pharmaindustrie zu Beginn des 21. Jahrhunderts von einer Fülle existentieller Probleme gekennzeichnet. Diese ergeben sich vor allem aus auslaufenden Patenten von Blockbustern und der damit einhergehenden Generikakonkurrenz. Der hierdurch bedingte substanzielle Umsatzrückgang wird durch Kostenbegrenzungsmaßnahmen der öffentlichen Gesundheitssysteme noch verstärkt. Zudem gelingt es bisher nicht, neue Produkte in einer Zahl auf den Markt zu bringen, die geeignet wäre, diesen Rückgang zu kompensieren. Hierzu trägt neben vielen bereits erwähnten Ursachen auch das vermehrte Scheitern von Produkten in späten Entwicklungsphasen als Konsequenz immer anspruchsvollerer Zulassungskriterien bei.

Die pharmazeutische Großindustrie ist in dieser Situation zu einem „Getriebenen" der Finanzmärkte geworden, mit der Konsequenz weltweiter Änderungen ihrer Geschäftsmodelle. Eine dieser Konsequenzen besteht in einem in dieser Größenordnung noch nie da gewesenen Personalabbau, von dem besonders (siehe etwa die vorausgehend beschriebene Produktivitätsdebatte) auch die Forschungs- und Entwicklungsbereiche betroffen sind. Dieser Abbau hat das Ziel, möglichst viele Aktivitäten nach außen zu verlagern bzw. „outzusourcen", um in Verbindung mit einer dadurch erreichten Verschlankung der eigenen Infrastruktur zu einem möglichst flexiblen Einsatz von Finanzmitteln zu gelangen. Die damit verbundene Reduzierung langfristig ausgerichteter interner Grundlagenforschung, die bereits mit Investitionen in Hochdurchsatztechnologien und dem Glauben an automatisierte und mechanisierte Forschungs- und Entwicklungsprozesse begann, wird hierdurch noch einmal beschleunigt. Dies führt zu einem dramatischen Verlust interner Kompetenzen, Forschungsergebnisse von außen zu integrieren und in Produkte zu überführen.

Aktuell zeichnen sich vor diesem Hintergrund einige bestimmende und durchaus miteinander kombinierbare strategische Trends ab: Die Stärkung der Marktposition durch Fusionen und Akquisitionen, die deutliche und zum Teil mit Hilfe von „Scouts" betriebene Intensivierung von Kollaborationen mit anderen Institutionen im unternehmerischen und akademischen Bereich und Versuche, sich auf zwei Feldern verstärkt zu positionieren – im Bereich der Biotechnologie mit der Hoffnung auf die Generierung neuartiger Blockbuster und im Bereich der personalisierten Medizin mit der Chance neue Umsätze durch ein breite und diversifizierte Produktpalette zu erzielen.

Für Berufseinsteiger in Führungspositionen der pharmazeutischen Großindustrie sind das herausfordernde strategische Aufgaben. Einsteigern in andere Branchen mögen sie als interessante und aktuelle Anregungen für Überlegungen in eigenen Zusammenhängen dienen.

Merger und Akquisitionen

Dieses Thema hat in der jüngeren Vergangenheit besondere öffentliche Aufmerksamkeit gefunden und war Gegenstand zahlreicher Publikationen. Unternehmensfusionen und Akquisitionen hat es zu allen Zeiten und in allen Branchen gegeben. Allerdings gab es in der Pharmaindustrie immer wieder Wellen von Mega-Mergern global operierender Unternehmen bzw. „schwergewichtigen" Firmenakquisitionen, die aufgrund ihrer gesundheitspolitischen Relevanz und damit zum Teil verbundener Befürchtungen große Beachtung gefunden haben.

Vorgängen dieser Art, die sowohl feindliche Übernahmen als auch freundliche „Merger of Equals" einschließen können, liegen zwei zentrale strategischen Motive zugrunde: Zum einen das Erreichen einer besseren Marktposition, zum anderen die Verhinderung einer feindlichen Übernahme des eigenen Unternehmens. Beide Aspekte stehen in unmittelbarer Verbindung zueinander, denn im letztgenannten Zusammenhang ist immer der Börsenwert ein entscheidender Parameter, der wiederum im Wesentlichen vom Erfolg und der Perspektive patentgetriebener Produkte und vom Forschungs- und Entwicklungsportfolio bestimmt wird. Diese Wechselbeziehung wird mit dem oft zu hörenden Satz „erfolgreiche Firmen mergern nicht" auf den Punkt gebracht. Inwieweit neben den erwähnten Motiven auch politische Beweggründe und Egos von CEOs Fusionen und Akquisitionen überschattet und beeinflusst haben, soll hier nicht näher erörtert werden. Interessante diesbezügliche Einblicke finden sich in überraschend offener Darstellung in Referenz [12].

Merger und Akquisitionen haben massive Auswirkungen auf alle Unternehmensteile, denn es ist ja ein primäres Ziel, Synergien zu realisieren. Zudem besteht die Chance, dies in mehrfacher Hinsicht mit Auswahlprozessen zu verbinden, die darauf abzielen, nur die besten Führungskräfte, produktivsten Technologien und geeignetsten Standorte der beiden bisherigen Unternehmen in das neue Unternehmen einzubinden. Deshalb versetzt, ob freundlich oder feindlich, eine Fusion oder Akquisition sowohl einen Großteil der Führungskräfte als auch der Belegschaft in allergrößte Unruhe, wobei man durchaus von einer Krisensituation sprechen kann, da es ja auch um Existenzen geht.

Führungskräfte sind in solchen Situationen gefordert, über viele spezifisch mit Integrationsfragen befasste Teams in kürzester Zeit Handlungsoptionen zu entwickeln und die neue Firma aufzubauen. Dabei kommen alle unternehmensrelevanten Aspekte auf den Prüfstand, was im Extremfall dazu führen kann, dass ein völlig neues Unternehmen mit veränderter Ausrichtung und anderen Prozessen und den hierfür geeignetsten Köpfen aus beiden bisherigen Firmen geschaffen wird. Insbesondere bei Akquisitionen fällt häufig die alternative strategische Entscheidung, die gekaufte Firma einfach zu „schlucken", d. h. organisatorisch in die vorhandene Struktur zu integrieren, so dass außer den Produkten nach außen nichts mehr von ihr sichtbar bleibt. Ein solches Vorgehen, bei dem die akquirierte Firma quasi „verdaut" wird, wird häufig in drastischer Weise als „Buy and Destroy" bezeichnet. Allerdings stellt sich bei der Akquisition von Firmen, die sich in ihrer Grundausrichtung und ihrer damit verbunden „speziellen" Kultur erheblich vom akquirierenden Unternehmen unterscheiden, die strategische Frage, ob man in solchen Fällen das übernommene Unternehmen nicht generell zumindest auf Zeit in seiner bisherigen Struktur weiterzuführen sollte, um sorgfältig analysieren zu können, ob Erfolg versprechende Integrationsmöglichkeiten bestehen und wie diese konkret aussehen könnten. Eine solche Situation bestand beispielsweise des Öfteren bei der Übernahme von Biotech-Unternehmen durch pharmazeutische Großkonzerne. Beide Ansätze, Integration oder (vorübergehende) Fortführung als eigenständige Einheit, bergen Chancen und Risiken. Die praktische Erfahrung hat aber gezeigt, dass es mehr Sinn macht, ein neu akquiriertes Unternehmen im erwähnten Fall zunächst in seiner Grundstruktur zu erhalten.

Sobald die grundlegenden Entscheidungen zur Gestaltung eines Unternehmens nach erfolgter Fusion oder Akquise gefallen sind, muss die neue Gesamtstrategie in kürzester Zeit „heruntergebrochen" werden, d. h. in kompatible Einzel- und Detailstrategien umgesetzt werden, die die einzelnen Bereiche und Aktivitäten des neuen Unternehmens betreffen. Dabei sind auch die verschiedenen Kulturen der bisherigen Unternehmen und ggf. die spezifischen Kulturen verschiedener Standorte zu berücksichtigen. Die Mitwirkung in solchen Integrationsteams ist nicht unbedingt das reine Vergnügen. Denn häufig ist, abgesehen von der Zusammensetzung und den Aufgaben des Topmanagements, weder die Führungsstruktur bekannt, noch sind Standortentscheidungen getroffen. Als Führungskraft muss man in diesem wie in anderen Fällen in der Lage sein, mit erheblichen Unsicherheiten umzugehen.

Big Pharma und Biotech – Akquisitionen, Kooperationen und eigene Forschungsinitiativen

Es ist unbestritten, dass im Bereich der Biotech-Industrie eine Reihe von Erfolgsgeschichten geschrieben wurden. Firmennamen wie Genentech, Amgen, Biogen und andere und eine Reihe von Produkten mit großer medizinischer und wirtschaftlicher Bedeutung stehen für diese Geschichte. Dabei bleibt es ein umstrittenes und kontrovers diskutiertes Thema, ob die Gesamtinvestitionen in Biotech tatsächlich einen positiven „Return on Investment" haben, ebenso wie die Börsenbewertung verschiedener Firmen während des Biotech-Hypes um die Jahrhundertwende höchst fragwürdig war. Zweifelsfrei kann aber festgestellt werden, dass durch die rekombinante Herstellung von Proteinen, die das Kerngeschäft vieler mit Therapieentwicklung befasster Biotech-Unternehmen ausmacht und etwa auch die Generierung von Antikörpern und Vakzinen einschließt, ein Paradigmenwechsel in diesem Bereich erfolgte, der einen Segen für eine große Zahl von Patienten bedeutet, die sonst nicht behandelbar wären.

Aufgrund der damit verbundenen Markterfolge haben gerade in den letzten Jahren große Firmen dieses Gebiet als strategische Option neu entdeckt und sich in diesem Bereich durch eine Reihe von Maßnahmen engagiert. Diese umfassen Akquisitionen, für die der Kauf der Firma Genentech durch das Unternehmen Roche im Jahre 2009 das prominenteste Beispiel eines geschickten strategischen Schachzugs repräsentiert, ebenso wie Kollaborationen oder auch die Aufnahme eigener Forschungs- und Entwicklungsaktivitäten auf diesem Gebiet. Insbesondere kleine Unternehmen mit gereiftem Produktpotenzial sind dabei auf den Radarschirm großer Unternehmen geraten und entsprechende Kooperationsvereinbarungen oder Lizenznahmen sind mittlerweile integraler Bestandteil nahezu aller Forschungsstrategien im Big Pharma Bereich. Damit hat gerade dieses sehr diverse Feld fundamentale Veränderungen der Forschungsstrategie der Global Player hervorgerufen. Weltweit ist der Übergang von integrierten „Forschungs- und Entwicklungs-Powerhäusern" zu Unternehmen erkennbar, die mehr und mehr neue Chancen in der frühen Forschung der „Biotech-Szene" und in den unten angesprochenen akademischen Kooperationen suchen. Möglicherweise ergibt sich daraus auch wieder ein Trend zur stärkeren Diversifizierung.

**Pharmaindustrie und öffentliche Forschungseinrichtungen –
Zusammenwirken auf neuer Grundlage**
Zu allen Zeiten gab es intensivste Interaktionen und Kollaborationen zwischen öffentlichen Forschungseinrichtungen und Unternehmen. Wichtige Innovationen und Produkte wären ohne die Ergebnisse der öffentlichen Forschung nicht zustande gekommen. Es ist absehbar, dass Partnerschaften mit öffentlichen wissenschaftlichen Einrichtungen aufgrund der veränderten Forschungsstrategien von Unternehmen noch weiter zunehmen werden.

Die in der Vergangenheit bestehende simple Option des „Cherry Picking", bei der die Industrie die attraktivsten Ergebnisse öffentlicher Forschung sozusagen „einkauft", dürfte dabei allerdings eher ein Auslaufmodell sein. Es wird vielmehr darauf ankommen, ein produktives Wechselspiel zwischen den Partnern zu etablieren, das sich über einen längeren Zeitrahmen erstreckt. Nur so lassen sich neue Themengebiete gemeinsam erschließen. In dieser Art der Zusammenarbeit gibt es noch viel Raum für Verbesserungen und patentrechtlich relevante Fragen des geistigen Eigentums (der „Intellectual Property") sowie eine angemessene Beteiligung am potentiellen Gewinn sind dabei natürlich adäquat zu regelnde Punkte. Wo dies gelingt, bieten diese Partnerschaften große Chancen für neue Entwicklungen in der Zukunft. Allerdings sollte dabei auch auf die Gefahr im Auge behalten werden, dass sich die öffentliche Forschung, insbesondere an Universitäten, zu sehr auf den Pfad industrieller Interessen begibt, der nur sehr begrenzt der ihre ist und mit den Prinzipien freier Grundlagenforschung nur bedingt im Einklang steht.

Personalisierte Medizin – neue Chancen durch einen neuen Megatrend?

Zu Beginn des 21. Jahrhunderts zeichnet sich ein neuer Megatrend ab, den man als erneuten Paradigmenwechsel ansehen kann. Die Pharmaindustrie steht vor der strategischen Frage bzw. Option, sich auf Anforderungen der „Personalisierten Medizin" auszurichten und auf dieser Basis ein langfristiges, auch ihre Forschungs- und Entwicklungsaktivitäten betreffendes Geschäftsmodell zu entwickeln.

Kurz und etwas vergröbernd gefasst, bedeutet personalisierte Medizin, dass in die Bewertung von Sicherheit und Wirksamkeit therapeutischer Maßnahmen die persönliche genetische Disposition des Patienten einbezogen wird, um ihm eine maßgeschneiderte Therapie bzw. maßgeschneiderte Medikamente anzubieten. Die erstmals vor 10 Jahren publizierte Sequenzierung des menschlichen Genoms hat wesentliche Voraussetzungen für diesen Ansatz geschaffen, dessen breite Realisierbarkeit durch die Hoffnung genährt wird, in naher Zukunft in wenigen Stunden und für weniger als 1000 $ die komplette Sequenz eines individuellen menschlichen Genoms erhalten zu können. Entsprechende Technologien würden zum Teil auch den Nachweis genetischer Veränderungen in unmittelbar betroffenen Geweben ermöglichen, was insbesondere Voraussetzungen für eine personalisierte Krebstherapie schaffen könnte.

Der Machbarkeitsnachweis („Proof-of-Principle") für diese neue Form medizinischer Therapie ist mittlerweile erbracht. Mit den 1998 bzw. 2002 eingeführten Medikamenten Trastuzumab (Herceptin®) und Imatinib (Gleevec®) kamen erste zur onkologischen Therapie geeignete Produkte auf den Markt, die in die Kategorie „Personalisierte Medizin" fallen. Sie kommen selektiv und mit sehr gutem Erfolg bei Auftreten ganz bestimmter individueller genetischer Veränderungen zum Einsatz, die maßgeblich zur Krebsentstehung führen. Mittlerweile sind weitere Produkte zu einer personalisierten Therapie verfügbar und es soll auch nicht unerwähnt bleiben, dass die personalisierte Medizin neben maßgeschneiderten Therapien auch neuen Perspektiven für individualisierte Präventionsmaßnahmen geschaffen und schon jetzt das Feld der Diagnostik in vielerlei Hinsicht revolutioniert hat. Es sei in diesem Zusammenhang erwähnt, dass immer deutlicher wird, dass auch die „individuelle Umwelt" eine bedeutende Rolle bei der Entstehung großer Volkskrankheiten spielt und insofern dem Wechselspiel „Gen-Umwelt" bei diesen Krankheitsprozessen eine wesentliche Rolle zukommt.

Die beschriebenen Entwicklungen stellen Firmen vor viele neuartige strategische Herausforderungen. Verbunden mit dem hohen Grad der potentiellen Individualisierung werden zwangsläufig die Märkte für die jeweiligen Produkte kleiner. Das Prinzip „one size fits all" im tradierten Blockbuster-Denken kann nicht mehr aufrechterhalten werden. Aus diesem Grund basieren derzeitige strategische Überlegungen zum Umgang mit dem Thema personalisierte Medizin zwangsläufig in hohem Maße auf Wahrscheinlichkeitsannahmen und die entsprechenden Geschäftsmodelle sind folglich mit großer Unsicherheit behaftet. Das Risiko, solche Entwicklungen blauäugig anzustoßen, ist daher sehr hoch. Wer allerdings die Entwicklung, so sie denn auf breiter Ebene kommt, verpasst, weil er die Forschungs- und Entwicklungsaktivitäten des Unternehmens völlig anders ausrichtet oder in großem Stil abbaut, wird die dadurch entstandenen Versäumnisse kaum mehr aufholen können.

Zusammenfassend sei abschließend festgehalten, dass die global operierende Pharmaindustrie zu Beginn des 21. Jahrhunderts vor einem weitreichenden Transformationsprozess steht, der zu neuen Geschäftsmodellen führen wird. Zum Zeitpunkt der Entstehung dieses Buches hatte die globale Pharmaindustrie gerade erneut Tausende von Arbeitsplätzen abgebaut, wobei davon die Forschungs- und Entwicklungsbereiche in besonderem Ausmaß betroffen waren. Wohin die Reise insgesamt geht und wie sich im Speziellen künftige Forschungs- und Entwicklungsprozesse organisieren, kann natürlich nicht vorausgesagt werden. Sicherlich eröffnen sich aber trotz aller negativen oder bedenklich stimmenden Nachrichten auch faszinierende neue Perspektiven, die zu einem neuen Megatrend in Richtung stärkerer Diversifizierung führen und gerade auch kleinen und mittleren Unternehmen erhebliche Chancen bieten können. Die personalisierte Medizin wird eine Herausforderung für die nächsten Jahrzehnte bleiben.

IV. Ausblick

Wie lange halten sich Management-Theorien? Wann ist das Verfallsdatum auch dieses Buches erreicht? Wie kurz sind die Halbwertszeiten der dargestellten Ideen, Hypothesen und Annahmen?

Das sind sicherlich berechtigte Fragen. Denn viele noch vor einigen Jahren von Experten und Consultants angepriesenen „Managementlehren", „Universallösungen" und „Patentrezepte" sind mittlerweile in völlige Vergessenheit geraten. Und nicht zuletzt die Finanz- und Eurokrise, spektakuläre Unternehmenspleiten und globale Fehlentwicklungen haben den Glauben an die Seriosität von Management- und Leadership-Theorien schwer erschüttert.

Diese Entwicklungen zur Entstehungszeit dieses Buches haben darüber hinaus, wie etwa im plötzlichen Aufkommen der Occupy-Bewegung im Jahre 2011 deutlich wird, zu einer globalen und in ihren Konsequenzen noch offenen Hinterfragung des aktuell bestehenden politischen und wirtschaftlichen Systems geführt. Und schließlich die systemverändernde Kraft des Internets: Wie werden die Kinder des World Wide Web mit den weltweiten Herausforderungen umgehen? Wird es im Rahmen der globalen Entwicklungen und Möglichkeiten übergreifend zu völlig neue Formen des Arbeitslebens mit ganz anderen Ansätzen von Management und Leadership kommen? Oder werden vielleicht auch ganz neue Formen auf lokaler und regionaler Ebene entstehen, an die wir heute noch gar nicht denken?

Zu allen Zeiten hat es existenzbedrohende Krisen und Paradigmenwechsel gegeben. Nur entsteht heute durch die Parallelität und Geschwindigkeit von Entwicklungen in ihrer globalen Dimension eine neue Qualität, die ein besonderes Maß an Unsicherheit und Angst hervorruft. Auch wenn sich die Umwelt und Rahmenbedingungen immer schneller ändern mögen, die genetische Disposition des Menschen, viele unserer Verhaltensweisen, unsere Reflexe und Gefühle haben sich über sehr lange Zeiträume kaum verändert. Deshalb folgen unser Verhalten und unser Zusammenleben auch in der Arbeitswelt ganz bestimmten Mustern. Und aus diesem Grund lassen sich auch viele Fragen von Management und Leadership bei aller Veränderung auf wenige Grundprinzipien zurückführen. Prinzipien, die in diesem Buch dargestellt sind und mit denen man die Zusammenarbeit von Menschen organisieren und auf ein gemeinsames Unternehmensziel ausrichten kann. Man braucht also nicht jedem Modetrend hinterher zu hecheln und aufgrund der selbst gefühlten Beschleunigung versuchen, unter permanenter Burn-out-Gefahr Multitasking-Antworten zu geben.

Souveräne Führungskräfte müssen die wenigen Grundprinzipien von Management und Leadership verstanden haben und sich Distanz und Ruhe verschaffen, denn es braucht Freiräume um innovative und zukunftsgerichtete Lösungen zu finden. Und sollten sie doch Gefahr laufen, dabei in Hektik zu verfallen, so sei abschließend an das Zitat eines Nobelpreisträgers erinnert, das sinngemäß lautet: „Kreativität ist nur möglich in Phasen leichter Unterbeschäftigung".

Literatur

1. 65 Successful Harvard Business School Application Essays, The Harbus News Corporation, 2004
2. Angell, M., The Truth About the Drug Companies, 2004
3. Bartmann, W., Zwischen Tradition und Fortschritt, 2003
4. Bastfai, T. G., Lees, V., Drug Discovery from Bedside to Wall Street, 2006
5. Bazell, R., Her-2, 1998
6. Bürgi, M., Pharma Forschung im 20. Jahrhundert, 2011
7. Christensen, C. M., The Innovator's Prescription, 2009
8. Collins, F. S., The Language of Life, 2010
9. Collins, J., Good to Great, 2001
10. Drews, J., Die verspielte Zukunft, 1998
11. Goozner, M., The $ 800 Million Pill, 2005
12. Grand, S., Bastl, D., Executive Management in der Praxis, 2011
13. Harvard Business Review Press, Developing a Business Case, 2011
14. Herrero, L., The Leader with Seven Faces, 2006
15. Kaplan, R. S., Norton, D. P., Strategy Maps, 2004
16. Konstroffer, O. F., American Job Titles, 2004
17. La Mattina, J. L., Drug Truths, 2009
18. Law, J., Big Pharma, 2006
19. Londan, P., Achilladelis, B., Scriabine, A., Pharmaceutical Innovation, 1999
20. Lynn, M., The Billion Dollar Battle, 1991
21. Mann, C. C., Plummer, M. L., The Aspirin Wars, 1991
22. Pacl, H., Festel, G., Wess, G., The Future of R & D, 2004
23. Pisano, G. S., Science Business, 2006
24. Rall, W., König, B., in Hungenberg, H., Meffert, J., Handbuch Strategisches Management, 2003
25. Shreeve, J., The Genome War, 2004
26. Spilker, B., Multinational Pharmaceutical Companies, 1994
27. Stevens, M., Extreme Management, Warner Books, 2001
28. Von Aretin, K., Wess, G., Wissenschaft erfolgreich kommunizieren, 2005

Index

Abmahnung 26
Akquisition 97
Ambiguität 21, 22, 25, 42, 45, 71, 77
Apotheken 98
Arbeitskultur 9
Arbeitsprozesse 37
Areas for Development 4, 5, 6, 25, 92
Arzneimittelentwicklung 34
Assessment Center 3
Assignment 52
Attrition Rate 104
Benchmarking 60, 62
Berichtslinien 40, 54
Best in Class Organization 45
Best Practice 56
Betriebsrat 26, 29, 38, 61, 77, 81, 90
Bewerbung 89
Bewerbungsgespräch 3, 5
Biotech-Industrie 99, 102
Biotechnologie 108
Blockbuster 98, 100, 101, 103, 104, 105, 108, 112
Book of Knowledge 56
Börsenwert 103, 109
Burn-out 23
Chancen 109
Change Management 63
Chemie 98, 106
Chemiefirmen 98
Chemiegigant 100
Coach 23
Compliance 30, 85
Consultant 6, 42, 54, 62
Corporate Identity 27
Delegation 74
Divisionale Organisation 42
Dual Career Ladder 47
Einarbeitungsplan 11
Entscheiden 71
Entscheidungskompetenz 72
Entscheidungskultur 71
Entscheidungsmatrix 40, 75
Entscheidungsprozess 71, 74
Entscheidungssituation 78, 79
Entscheidungszeitpunkt 78
Erfolgsbeteiligung 69
Erfolgsbewertung 80
Erfolgsmodell 100

Erfolgsparameter 61
Fachabteilung 49
Fachkarriere 47
Fachkompetenz 6
Feedback-System 92
Forschungsprozess 99
Führungskraft 20
Führungskräfteentwicklung 6
Führungsrolle 87
Führungsstil 89
Führungsverantwortung 24, 25
Funktionale Organisation 42
Fusion 89, 102, 108
Generalistentum 6
Generika 104, 107
Genomforschung 102
Genomik 102
Geschäftsmodell 97, 100, 104, 108, 112
Gewerkschaft 29, 61
Gewissen 23
go/no go- Kriterien 53
Grundprinzipien 17
Hochdurchsatz-Analysen 103
Hochdurchsatz-Verfahren 99
Hoechst 100
Human Resource 3
Hype 103
Implementierung 63, 64, 80
Implementierungshürden 60, 63
Innovationskraft 105
Innovationskrise 104
Integrationsfragen 109
Integrationsteam 110
interkulturell 24, 25, 29, 82
Interkulturelles Verständnis 90
Jahresprämie 80
Jahresziele 60, 64, 67, 69
Job-Titel 45, 46
Key Performance Indicator 61
klinischen Studien 34, 35
Kommunikation 26, 27, 28, 55, 64, 81
Kommunikationsleitlinien 27
Kommunikationsmanagement 31
Kommunikationsstrategie 29
Kompetenz 59, 72, 73
Kompromiss 54, 55, 78, 82
Konflikt 21, 54

Konkurrenzanalyse 60
Konkurrenzsituation 60
Krise 30
Krisenkommunikation 30
Krisenmanagement 30
Kultur 24, 26, 29, 38, 39, 42, 56, 81, 82, 91, 109
Laufbahn 47
Leadership 87, 90
Leadership Profil 6
Learning Organization 41, 45
Leistungsbeurteilung 52
Lenkungsgremium 51, 61
Lessons Learned 56
Life Science 100
Macht 5, 20, 29, 38
Management 87
Management by Objectives 24, 67
Managementkarrieren 46
Manager 88
Marketing 36, 50, 100, 101
Marktposition 109
Matrix-Management 40
Matrix-Organisation 40, 41, 44
Medientraining 28
Mentor 11
Merger 89, 97
Mitarbeiterführung 23, 24, 25
Mitarbeitergespräch 25
Mitbestimmung 29
Nachahmerprodukt 104
Nachfolgeplanung 6, 84
Netzwerke 73
Netzwerkstrukturen 107
öffentliche Forschung 111
Optionen 60
Organigramm 38, 39, 40, 49
Organisational Excellence 41
Organisationshandbuch 40
Organisationsmodelle 41, 43, 45
Organisationsstrukturen 37
Outsourcing 106
Ownership 53
Paradigmenwechsel 97, 98, 105, 110, 111
Patent 10, 28, 104
Performance Review 52
Personalabbau 108
Personalabteilung 3
Personalberatung 3, 89
Personalentscheidung 80, 83

Personalentwicklung 25, 84
Personalführung 23
Personalisierte Medizin 102, 111
Persönliches Profil 3
Pflichtendelegation 38, 39
Pharmaindustrie 97
Phase I 35
Pilotprojekt 106
Politik 82
Portfolio 107
Portfolio-Management 51
Position 39, 45
Positionsbezeichnung 45, 46
präklinischen Phase 34
Präsentation 64
Priorisierung 107
Produktentwicklung 50
Produktivität 102, 103
Produktivitätsmodell 103
Produktvision 37
Profil 3, 6, 11, 83, 89
Project-Review 54
Projekt 49
Projektleiter 46
Projektmanager 53
Projektplan 51, 53
Projektpriorisierung 51, 55
Projektteam 37
Prozessoptimierung 41
Rentabilität 103
Ressourcenallokation 51
Risiko 21, 34, 54, 60, 73, 77, 78, 85, 109
Rolle 23
Schnittstellen 44, 49
Schwächen 4
Selbstmanagement 19
Serendipity 36, 98
Spezialistentum 6
Stakeholder 21, 81
Stärken 4
Stärken und Schwächen 3
Steering Committee 51, 53
Stellenbeschreibung 21, 39
Strategie 57, 58
Strategieentwicklung 57, 59, 98
Strengths 4, 6
Stresssituation 22
Succession Planning 6, 84
SWOT-Analyse 17, 23, 54, 60, 77, 84, 97

Task Force 31
Team 24, 36, 49, 61, 68, 73, 83, 107, 109, 110
Teamarbeit 49, 50, 69
Teambildung 25
Teamfähigkeit 49
Teamleiter 51, 52, 90
Teamleitung 53
Teammanagement 50
Technologien 102, 103, 105
Titel 45
Transformation 97, 106
Überforderung 22
Umorganisation 37, 38
Umsetzung 80
Umsetzungserfolg 61
Umsetzungsprozess 63
Umstrukturierung 38, 39
Unsicherheit 79
Unternehmenskultur 26, 46
Unternehmensstrategie 57, 67, 91
Unternehmenswerte 26, 91

Unternehmensziel 60
Verantwortung 59, 72
Veränderungsmanagement 63, 80
Vision 58, 83
Visitenkarte 46
Vorbildfunktion 22
Werte 10, 23, 26, 91
Wertschöpfung 15, 33
Wertschöpfungskette 33, 34, 36, 50, 104
Wertschöpfungsprozess 99
Wettbewerbsfähigkeit 37
wissenschaftliche Exzellenz 10
Wissensintegration 36
Work-Life Balance 22, 85
Ziele 50, 67
Zielsetzung 60, 67
Zielsetzungsprozess 25
Zielvereinbarungen 24, 25, 67, 80
Zielvorgaben 68
Zufallsentdeckungen 98

Über den Autor

Günther Wess ist seit 2005 CEO des Helmholtz Zentrums München – Deutsches Forschungszentrum für Gesundheit und Umwelt.

Er trat 1982 in die Hoechst AG ein und übte nach mehrjähriger Forschungstätigkeit verschiedene globale Managementfunktionen in Forschung und Entwicklung im Bereich Pharma aus, u. a. als Forschungs- und Entwicklungsleiter Deutschland bei Hoechst und ab 1998 bei Aventis. 2002 wurde er Leiter der Forschung und Entwicklung für Frankreich und 2003 schließlich für Europa. Bei Sanofi Aventis war er Leiter von Forschung und Entwicklung Deutschland mit weltweiter Verantwortung für unterschiedliche Indikationsgebiete und Technologien. Darüber hinaus war er Mitglied des Discovery Boards.

Wess studierte an der Johann Wolfgang Goethe-Universität Frankfurt Chemie und promovierte 1982. Von 1985–1986 arbeitete er an der Harvard Universität Boston. Seine Forschungsaktivitäten und Verantwortlichkeiten erstreckten sich über verschiedene Indikationsgebiete wie Herzkreislauferkrankungen, Diabetes und Onkologie. 1999 habilitierte er an der Johannes Gutenberg-Universität Mainz in Pharmazeutischer Chemie. Er lehrte als Honorarprofessor mehrere Jahre Prinzipien des Forschung- und Entwicklungsmanagement und Fallstudien in der Medikamentenforschung und -entwicklung an der Johann Wolfgang Goethe-Universität Frankfurt und gehörte von 2003 bis 2007 dem Hochschulrat an. Von 2007–2010 war Wess Vorstandsmitglied bei MedTech Pharma und ist seit 2007 Mitglied der acatech – Deutsche Akademie der Technikwissenschaften. Des Weiteren wurde er 2008 zum Honorarprofessor der Technischen Universität München (TUM) ernannt und 2013 zum Vizepräsidenten der Helmholtz Gemeinschaft.

www.ingramcontent.com/pod-product-compliance
Lightning Source LLC
Chambersburg PA
CBHW050737110426
42814CB00006B/284